高等职业院校前沿技术专业特色教材　　　　　　　丛书主编　杨云江

信息技术实训教程

尹艺霏　胡艳菊　刘德双　丁文茜　主　编
王仕杰　鄢雪梅　副主编

清华大学出版社
北京

内 容 简 介

本书实训项目包括：键盘使用与汉字输入实训、WPS文档与表格编辑实训、长篇文档编辑与排版实训、图文混排实训、邮件合并实训、学籍信息表制作实训、公式与函数应用实训、数据处理与图表应用实训、WPS演示文稿编辑实训、WPS文字综合运用实训、WPS的拓展运用实训。本书将读者学习、生活、工作中所遇到的各类实际性问题纳入11个项目的各个任务中，通过对相关任务的学习，掌握处理此类问题的技能与方法。本书讲解详细、操作详尽、图文并茂，能够让读者跟着项目一步步完成实训任务。

本书主要作为高职高专类学校的公共基础课程"信息技术"的实训教材，也可供中职中专类师生参考。

本书封面贴有清华大学出版社防伪标签，无标签者不得销售。
版权所有，侵权必究。举报: 010-62782989, beiqinquan@tup.tsinghua.edu.cn。

图书在版编目(CIP)数据

信息技术实训教程/尹艺霏等主编. —北京: 清华大学出版社, 2023.8
高等职业院校前沿技术专业特色教材
ISBN 978-7-302-63919-0

Ⅰ. ①信… Ⅱ. ①尹… Ⅲ. ①电子计算机—高等职业教育—教材 Ⅳ. ①TP3

中国国家版本馆CIP数据核字(2023)第115966号

责任编辑: 聂军来
封面设计: 刘 键
责任校对: 刘 静
责任印制: 丛怀宇

出版发行: 清华大学出版社
  网　　址: http://www.tup.com.cn, http://www.wqbook.com
  地　　址: 北京清华大学学研大厦A座　　　　　　　　邮　编: 100084
  社 总 机: 010-83470000　　　　　　　　　　　　　　邮　购: 010-62786544
  投稿与读者服务: 010-62776969, c-service@tup.tsinghua.edu.cn
  质量反馈: 010-62772015, zhiliang@tup.tsinghua.edu.cn
  课件下载: http://www.tup.com.cn, 010-83470410
印 装 者: 三河市人民印务有限公司
经　　销: 全国新华书店
开　　本: 185mm×260mm　　　　印　张: 9.5　　　　字　数: 229千字
版　　次: 2023年8月第1版　　　　　　　　　　　　　印　次: 2023年8月第1次印刷
定　　价: 35.00元

产品编号: 097455-01

高等职业院校前沿技术专业特色教材

编审委员会

编委会顾问：

　　谢　泉　　民进贵州省委副主任委员、贵州大学大数据与信息工程学院院长、教授、博士、博士生导师

　　尹艺霏　　贵州工商职业学院执行校长

　　潘　毅　　贵州工商职业学院常务副校长、副教授

　　郑海东　　贵州电子信息职业技术学院副院长、教授

　　刘　猛　　贵州省电子信息技师学院院长、副教授

　　陈文举　　贵州大学职业技术学院院长、教授

　　董　芳　　贵州工业职业技术学院院长、教授

　　王仕杰　　贵州工商职业学院大数据学院院长、副教授

　　王正万　　贵州电子信息职业技术学院教务处处长、教授

　　肖迎群　　贵州理工学院大数据学院院长、博士、教授

　　张仁津　　贵州师范大学大数据学院院长、教授、硕士生导师

编委会主任兼丛书主编：

　　杨云江　　贵州理工学院信息网络中心主任、贵州工商职业学院特聘专家、教授、硕士生导师

编委会副主任(按汉语拼音字母顺序排列)：

　　陈　建　　程仁芬　　侯　宇　　王佳祥　　徐雅琴　　杨　前　　姚会兴

编委会成员(按汉语拼音字母顺序排列)：

包大宏	陈海英	代　丽	丁文茜	冯　成	冯　丽	郭俊亮	龚良彩
何金蓉	胡艳菊	胡寿孝	兰晓天	李　萍	李　娟	李　力	李吉桃
黎小花	刘德双	刘桂花	刘建国	龙　汐	刘　睿	刘珠文	莫兴军
任丽娜	任　俊	任　桦	石齐钧	谭　杨	田　忠	温明剑	文正昌
杨汝洁	袁雪梦	张成城	周云竹	钟国生	周雪梅	周　华	张洪川

本书编写组

主　编：
尹艺霏　胡艳菊　刘德双　丁文茜

副主编：
王仕杰　鄢雪梅

参　编（按汉语拼音字母顺序排列）：
陈开华　樊桂兰　罗　利　梁盛龙　王正万　张　苗　张明聪　周雪梅

主　审：
杨云江

丛书总序言

多年来,党和国家在重视高等教育的同时,也给予了职业教育更多的关注。2002年和2005年国务院先后两次召开了全国职业教育工作会议,强调要坚持大力发展职业教育;2005年国务院颁发的《关于大力发展职业教育的决定》更加明确了要把职业教育作为经济社会发展的重要基础和教育工作的战略重点。2019年2月,教育部颁布了《国家职业教育改革实施方案》;2019年4月,教育部颁布了《高职扩招专项工作实施方案》;2021年4月,国务院颁布了《中华人民共和国民办教育促进法实施条例》,进一步加大了职业教育的办学力度;2022年第八届全国人民代表大会常务委员会第十九次会议通过了《中华人民共和国职业教育法》,更是从政策和法律层面为职业教育提供了保障。党中央、国务院关于职业教育工作的一系列方针和政策,体现了对职业教育的高度重视,为我国的职业教育指明了发展方向。

高等职业教育是职业教育的重要组成部分。由于高等职业学校注重学生技能的培养,培养出来的学生动手能力较强,因此,其毕业生越来越受到社会各行各业的欢迎和关注,就业率连续多年都保持在90%以上,从而促使高等职业教育呈快速增长的趋势。自开展高等职业教育以来,高等职业学校的招生规模不断扩大,仅2019年就扩招了100万人。截至2021年,全国共有高等职业院校1400多所,在校学生人数已超过1000万人。

质量要提高、教学要改,这是职业教育改革的基本目标。为了达到这个目标,除了要打造良好的学习环境和氛围、配备优秀的管理队伍、培养优秀的师资队伍和教学团队外,还需要高质量的、符合高职教学特点的教材。根据这一理念以及教育部、财政部《关于实施中国特色高水平高职学校和专业建设计划的意见》(教职成〔2019〕5号)的文件精神:"要组建高水平、结构化教师教学创新团队,探索教师分工协作的模块化教学模式,深化教材与教法改革,推动课堂革命。",丛书编审委员会以贵州省建设大数据基地为契机,组织贵州、云南、山西、广东、河北等省的二十多所高等职业院校的一线骨干教师,经过精心组织、充分酝酿,并在广泛征求意见的基础上,编写出这套云计算与大数据方向、智能科学与人工智能方向、电子商务与物联网方向、数字媒体与虚拟现实方向的"高等职业院校前沿技术专业特色教材"系列丛书,以期为推动高等职业教育教材改革做出积极而有益的实践。

按照高职教育新的教学方法、教学模式及特点,我们在总结传统教材编写模式及特点的基础上,对"项目—任务驱动"的教材模式进行了拓展,以"项目+任务导入+知识点+任务实施+上机实训+课外练习"的模式作为丛书主要的编写模式,但也有针对以实用案例导入进行教学的"项目—案例导入"结构的拓展模式,即"项目+案例导入+知识点+案例分析与实施+上机实训+课外练习"的编写模式。

为了贯彻"要把思想政治工作贯穿教育教学全过程"的思政教育指导思想和党的二十大报告精神"全面贯彻党的教育方针，落实立德树人根本任务，培养德智体美劳全面发展的社会主义建设者和接班人"，我们将课程思政和课程素养的理念融入教材之中，主要体现在以下几个方面。

(1) 提倡立德树人、团结拼搏、团队协作精神。

(2) 传播正能量，杜绝负能量信息和负面信息。

(3) 挖掘教材中"知识点、案例和习题"中的思政元素，使学生和读者在学习和掌握专业课程知识的同时，树立弘扬正气、立德树人、团队协作、感恩报国的思想理念。

本丛书具有如下主要特色。

特色之一：丛书涵盖了全国应用型人才培养信息化前沿技术的四大主流方向，即云计算与大数据方向、智能科学与人工智能方向、电子商务与物联网方向、数字媒体与虚拟现实方向。

特色之二：注重理论与实践相结合，强调应用型本科及职业院校的特点，突出实用性和可操作性。丛书的每本教材都含有大量的应用实例，大部分教材都有1~2个完整的案例分析。旨在帮助学生在每学完一门课程后，都能将所学的知识用到相关工作中。

特色之三：每本教材的内容全面且完整、结构安排合理、图文并茂。文字表述清晰、通俗易懂，内容循序渐进，旨在帮助学生学习和理解教材的内容。

特色之四：每本教材的主编及参编者都是长期从事高职前沿技术专业教学的高职教师，具有较深的理论知识，并具有丰富的教学经验和工程实践经验。本套丛书就是这些教师多年教学经验和实践经验的成果。

特色之五：丛书的编委会成员由有关高校及高职的专家、学者及领导组成，负责对教材的目录、结构、内容和质量进行指导和审查，能很好地保证教材的质量。

特色之六：本丛书引入出版业新技术"数字资源技术"，将主要彩色图片、动画效果、程序运行效果、工具软件的安装过程以及辅助参考资料都以二维码呈现在书中。

特色之七：逐步建设和推行微课教材。

希望丛书的出版，能为我国高等职业教育尽微薄之力，更希望能给高等职业学校的教师和学生带来新的感受与帮助。

谢　泉

2023 年 2 月

前言

党的二十大报告指出："教育、科技、人才是全面建设社会主义现代化国家的基础性、战略性支撑。必须坚持科技是第一生产力、人才是第一资源、创新是第一动力，深入实施科教兴国战略、人才强国战略、创新驱动发展战略，开辟发展新领域新赛道，不断塑造发展新功能新优势。"职业教育与经济社会发展紧密相连，对促进就业创业、助力经济社会发展、增进人民福祉具有重要意义。

在信息化高速发展的今天，信息化办公彻底改变了人们的工作方式和工作模式，信息技术成为进行日常工作和生活的重要方式。为了让学生具备更多的知识与技能，能够更快地和社会接轨，就业后能够熟练使用办公软件，我们组织课程教学经验丰富的"双师型"骨干教师结合企业办公需求编写了这本适合在校学生进行项目式学习，提升办公软件的使用能力的实训教材，希望学生能够从发现问题、探索问题、解决问题的学习模式扩展至根据实际情况进行灵活运用的自主学习模式。本书也是由王仕杰、尹艺霏等主编，清华大学出版社出版的教材《信息技术》的配套实训教材。

本书实训项目包括：键盘使用与汉字输入实训、WPS文档与表格编辑实训、长篇文档编辑与排版实训、图文混排实训、邮件合并实训、学籍信息表制作实训、公式与函数应用实训、数据处理与图表应用实训、WPS演示文稿编辑实训、WPS文字综合运用实训、WPS的拓展运用实训。本书通过案例讲解与操作，让学生将《信息技术》教材中所讲的知识点进行综合运用，循序渐进地学习，让学生掌握不同难度的实操训练，从而掌握不同的知识与技能。

本书由贵州工商职业学院的尹艺霏、胡艳菊、刘德双、丁文茜担任主编，王仕杰、鄢雪梅担任副主编，全书由胡艳菊统稿。贵州理工学院信息网络中心主任、贵州工商职业学院特聘专家杨云江教授担任丛书主编和本书的主审，负责教材目录架构、书稿架构的设计和审定，以及书稿内容的初审工作。全书以11个项目为载体，项目1、2、9由尹艺霏、胡艳菊编写；项目3、4、6由刘德双编写；项目5、7、8由王仕杰、鄢雪梅、陈开华编写；项目10、11由胡艳菊、丁文茜编写。

本书在编写过程中，得到了许多兄弟院校教师和相关企业的关心和支持，并提出许多宝贵的修改意见，在此表示衷心的感谢。

由于信息技术发展迅速，办公软件版本更新较快，加上编者水平有限，疏漏之处在所难免，恳请广大专家和读者批评、指正。

编 者

2023年3月

项目 1　键盘使用与汉字输入实训 ·················· 001

　　任务 1　金山打字通的应用实训 ·················· 001
　　任务 2　搜狗拼音输入法中输入模式的应用实训 ·················· 005
　　任务 3　拓展实训：制作中英文混合文档 ·················· 007

项目 2　WPS 文档与表格编辑实训 ·················· 008

　　任务 1　文档编辑实训 ·················· 008
　　任务 2　表格制作实训 ·················· 014
　　任务 3　拓展实训：制作一份个人求职简历 ·················· 019

项目 3　长篇文档编辑与排版实训 ·················· 020

　　任务 1　毕业论文的排版实训 ·················· 020
　　任务 2　长篇文档"会计电算化.docx"排版实训 ·················· 026
　　任务 3　拓展实训："供应链中的库存管理研究"论文排版 ·················· 033

项目 4　图文混排实训 ·················· 035

　　任务 1　制作学生会纳新宣传海报 ·················· 035
　　任务 2　制作旅游推广宣传海报 ·················· 039
　　任务 3　拓展实训：制作"垃圾分类"宣传海报 ·················· 045

项目 5　邮件合并实训 ·················· 046

　　任务 1　学生信息表设计与制作 ·················· 046
　　任务 2　批量生成录取通知书 ·················· 055
　　任务 3　扩展实训：制作批量生成展会邀请函 ·················· 058

项目 6　学籍信息表制作实训 ·················· 059

　　任务 1　录入学籍基本信息 ·················· 059
　　任务 2　美化学籍基本信息表 ·················· 062
　　任务 3　打印学籍信息表 ·················· 064
　　任务 4　拓展实训：制作和美化员工基本信息表 ·················· 067

项目 7　公式与函数应用实训 ·················· 069

　　任务 1　统计分析学生成绩 ·················· 069
　　任务 2　统计分析图书销售数据 ·················· 073
　　任务 3　提取身份证号中的信息 ·················· 075
　　任务 4　拓展实训：统计员工工资 ·················· 079

项目 8　数据处理与图表应用实训 ·················· 080

　　任务 1　数据的排序和筛选 ·················· 080

任务2　数据的分类汇总和合并计算 …………………………………… 084
　　任务3　创建数据透视表和透视图 …………………………………… 091
　　任务4　制作图表 …………………………………………………………… 098
　　任务5　拓展实训：学期成绩整理及展示 …………………………… 104

项目9　WPS 演示文稿编辑实训 …………………………………………… 106
　　任务1　制作年终述职报告 …………………………………………… 106
　　任务2　制作"科普知识活动——水"演示文稿 …………………… 110
　　任务3　拓展实训：制作"了解病毒知识"演讲 PPT ………………… 117

项目10　WPS 文字综合运用实训 ………………………………………… 118
　　任务1　WPS 文字与 WPS 表格的交叉运用 ………………………… 118
　　任务2　WPS 文字、表格与演示文稿综合运用 ……………………… 124
　　任务3　拓展实训：制作"我爱祖国"主题演讲活动 PPT …………… 130

项目11　WPS 的扩展运用实训 …………………………………………… 131
　　任务1　通过 WPS 文字制作某高校新生报到流程图 ……………… 131
　　任务2　通过 WPS 文字制作学习计划思维导图 …………………… 134
　　任务3　通过表单制作团学活动调查问卷 …………………………… 138
　　任务4　拓展实训：制作课程总结展示文档 ………………………… 142

项目 1

键盘使用与汉字输入实训

想要熟练操作计算机,必须学会使用键盘。键盘是用于操作计算机设备运行的一种指令和数据输入装置,是最主要的输入设备,通过键盘可以将字母、汉字、数字、标点符号等内容输入计算机中。同时,可通过键盘完成向计算机发出各种操作命令、输入数据等工作。

素材资料包

输入法软件是一类文字输入工具,用户在能够灵活使用键盘的基础上,配合输入法软件的使用,可以完成各种类型文件内容的输入。常用的输入法有金山打字通、搜狗输入法等。通过使用金山打字通,能够让我们快速熟悉键盘上每个按键的位置和功能。通过搜狗输入法的学习,能够让我们灵活掌握各种输入技巧,实现快速操作计算机的目的。

 任务 1　金山打字通的应用实训

1. 任务情景

进入大学后,用到的最多的学习工具不是笔和纸,而是计算机。提交作业需要通过电子邮件、制作表格、发布各类学习通知等。在大数据时代,熟练使用计算机是每个人必备的技能。由于对计算机的不熟悉,很多同学的学习效率明显降低,感觉很苦恼,那该如何提高自己对计算机使用的效率呢?学会使用键盘就是其中关键。请完成金山打字通 2016 程序中"拼音打字"下的"文章练习"里的《春》这篇文档的录入,如图 1-1 所示。

2. 任务描述

通过学习金山打字通的使用,掌握键盘的操作技巧。

(1) 在 360 软件管家中,下载并安装金山打字通软件。

(2) 注册一个金山打字通账号。

(3) 使用金山打字通软件进行键盘训练。

3. 任务目标

(1) 掌握金山打字通软件的下载和安装。

(2) 学会启用金山打字通软件。

(3) 掌握金山打字通软件的使用方法。

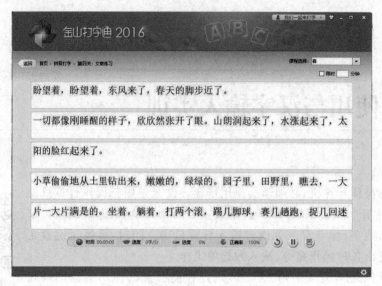

图 1-1　金山打字通 2016 文章练习

4. 任务实施

1) 掌握金山打字通软件的下载和安装

第 1 步：启动 360 软件管家，并在搜索框中输入"金山打字通"。

第 2 步：依次单击"金山打字通"→"一键安装"命令，如图 1-2 所示。

第 3 步：根据安装提示，依次单击"下一步"→"我愿意"→"下一步"→"完成"按钮，即可完成安装。

图 1-2　安装金山打字通

2) 启用金山打字通软件

第 1 步：双击计算机桌面上"金山打字通"软件。

第 2 步：单击"金山打字通 2016"中"拼音打字"图标，如图 1-3 所示。

第 3 步：根据提示，注册个人昵称，如图 1-4 所示。

第 4 步：完成注册后再次单击"拼音打字"图标，选择"自由模式"，即可使用，如图 1-5 所示。

3) 使用金山打字通软件

第 1 步：单击"拼音输入法"图标，即可进入输入法使用说明学习。学会输入法的安装

图 1-3　启用金山打字通

图 1-4　昵称注册

和卸载；掌握输入法的切换等快捷键的使用。

第 2 步：单击"音节练习"图标，即可输入练习，结合指法要求，掌握各数字、字母、功能键的位置。

第 3 步：单击"词组练习"图标，即可进行词组训练，每一门不同课程中设置不同的词组训练，通过重复式练习，掌握输入技巧，熟悉键盘使用。

第 4 步：单击"文章练习"图标，即可进行长文档输入训练，如图 1-6 所示。

5. 任务总结

该任务通过学习金山打字通软件的下载、安装、启用、使用 4 个步骤，掌握金山打字通软

图 1-5 模式选择

图 1-6 金山打字通

件的灵活应用。通过使用金山打字通,掌握输入法的安装、切换、删除;掌握键盘上各字母键、功能键的使用。通过输入各种内容,进行指法训练,达到熟练使用键盘的目的。

任务 2　搜狗拼音输入法中输入模式的应用实训

1. 任务情景

今天老师给小王布置了一个任务,请他将图片里面的文字转换成文档。小王原本以为这会是一个很简单的任务,开开心心地接受了。他看到老师的图片(图 1-7)后傻眼了,发现里面有非常多的生僻字,不知该如何下手。

2. 任务描述

(1) 根据要求完成各输入模式的启用。
(2) 掌握每种输入模式的使用技巧。

3. 任务目标

(1) 掌握各输入模式的启用技巧。
(2) 学会使用每种不同的输入模式。
(3) 能够根据实际情况,灵活运用各种输入模式。

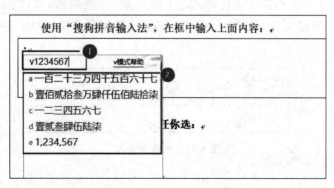

图 1-7　任务导入

4. 任务实施

1) 中英文之间的任意使用

方法 1：可以通过按 Ctrl+Space 组合键实现中英文切换。
方法 2：可以通过按 Shift 键实现中英文切换。
方法 3：不用切换输入法,在输入英文后,直接按 Enter 键,即可输入英文。

2) 数字格式随意挑

第 1 步：切换至搜狗拼音输入法。
第 2 步：输入 V+数字,便可出现各类数字格式。
第 3 步：选择所需数字格式即可,如图 1-8 所示。

图 1-8　数字格式随意挑

3) 时间、日期格式任你选

第 1 步：日期输入。直接输入"rq",即可进行日期输入。

第2步：时间输入。直接输入"sj"，即可进行时间输入。

第3步：星期输入。直接输入"xq"，即可进行星期输入，如图1-9所示。

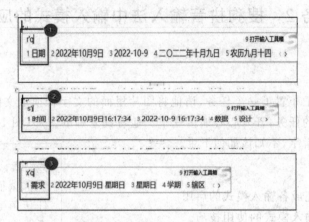

图1-9　日期、时间、星期输入

4）怪字拆分

第1步：切换至搜狗拼音输入法。

第2步：将文字拆分成不同的文字部件，比如"嫑"字的输入，可以拆分为"不"和"要"。

第3步：输入拆好的文字部件，即可得到所需文字，如图1-10所示。

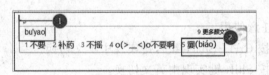

图1-10　怪字拆分

5）生僻字输入（生僻字拆分为笔画）

第1步：切换至搜狗拼音输入法。

第2步：将生僻字拆分为"横竖撇捺折"的笔画，例如"叄"字，可拆分为"竖折竖撇捺"。

第3步：输入U+生僻字笔画代码（横：1或h；竖：2或s；撇：3或p；捺：4或n；折：5或z），例如"叄"字，则输入U+25234或者U+szspn，根据文字输入对应笔画即可输入文字。如图1-11所示。

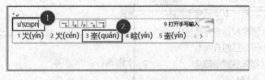

图1-11　生僻字输入

5. 任务总结

本任务通过对搜狗拼音输入法中各输入模式的学习，让学生能够输入各类特殊的文字。通过V模式可以实现阿拉伯数字转换为各种中文数字的输入转换；U模式可以实现将汉字拆分为"横竖撇捺折"的笔画,能够快速转换为五笔输入状态,不需要根据字根进行文字录入;通过怪字拆分可以快速完成叠字、新型文字的输入;通过直接输入首字母的形式,能够快速输入时间。搜狗拼音输入法的灵活运用,能够解决输入难题,提高工作效率。

任务3　拓展实训:制作中英文混合文档

任务要求

制作一份英文及译文的文档,并按要求进行排版。

英文原文:

At present, illegal attackers, when attacking, usually transmit data packets by using forged IP addresses(i.e., IP addresses of such "springboard computers" as proxy servers and NAT equipments). So far, there have been no effective methods to do realtime tracing and locating of such kind of the terminal of message senders.

It is on this consideration that the main content of the present project is to study the realtime tracing and locating of forged IP addresses data packets.

In the modern network communication, before changing the IP address, all data packets to be forwarded through proxy server as springboard must wait their turns in data packet input buffer of "springboard computers", which creates an opportunity to catch these raw data packets.

The project is planned to log on "springboard computers" first and capture the "raw data packets" during their visiting the input buffer. And then, through analysing the data packets, the true IP address can be obtained. This is the implementation of this project.

The final objective of this project is to find out an effective method to realtime tracing data packets from forged IP address.

中文译文:

当前,非法攻击者在实施攻击时,通常会采用伪IP地址(如代理服务器、NAT设备等"跳板机"的地址)来转发数据包。对于这一类信源终端,目前还没有有效、实时的追踪和定位方法。

如何对伪IP地址的数据包进行实时追踪和定位,是本项目研究的主要内容。

在现代网络通信中,所有以代理服务器等设备作为跳板转发的数据包,在其进行IP地址转换之前必定在"跳板机"的数据包输入缓存中排队,这就为捕获这些原始数据包提供了机会。

本项目拟先登录到"跳板机",对其数据包输入缓存进行实时访问获取"原始"数据包,再对这些数据包进行分析后,获取到其真实的IP地址。这就是本项目的实现手段。

寻求一种对伪IP地址数据包实时追踪方法,是本项目的最终目标。

项目 2

WPS 文档与表格编辑实训

WPS 文档集编辑与打印于一体,不仅具有丰富的全屏幕编辑功能,而且提供了各种控制输出格式及打印功能,使打印出的文稿既美观又规范,基本上能满足文字工作者编辑、打印各种文件的需要和要求。在大数据背景下,日常学习、工作、生活已经离不开计算机的使用,而 WPS 文字能够实现文档编辑与排版、表格制作、信息收集与整理等功能,实现电子化办公。

素材资料包

 任务 1　文档编辑实训

1. 任务情景

通过一个学期的学习,"中国共产党历史专题讲座"这门课程已经接近尾声,授课老师要求全体同学就本门课程的学习编写一篇学习心得,并将心得体会按照老师的格式进行排版,提交到老师的邮箱。

心得体会已经编写完成,文档排版格式已经下发到班级群中,王老师提醒同学们,针对此类文档的排版,大家一定要充分利用编号和项目符号命令,能够帮助我们更加清晰明了地完成排版,并于本周五上课之前完成提交。

说明:文档"学习'中国共产党历史专题讲座'心得体会.docx"在"素材库/项目 2"文件夹里。如图 2-1 所示。

2. 任务描述

(1) 建立一个空白文档,保存为"学习'中国共产党历史专题讲座'心得体会—×××.docx"(这里的"×××"为学生的"姓名")。

(2) 完成心得体会内容的编写。

(3) 根据给定的格式要求完成心得体会格式排版。

3. 任务目标

(1) 学会文档的新建、保存等常规操作。

(2) 学会在文档中输入文本、字母、数字、标点等内容。

(3) 学会字体格式化设置、段落格式化设置。

(4) 学会项目符号的应用和修改。

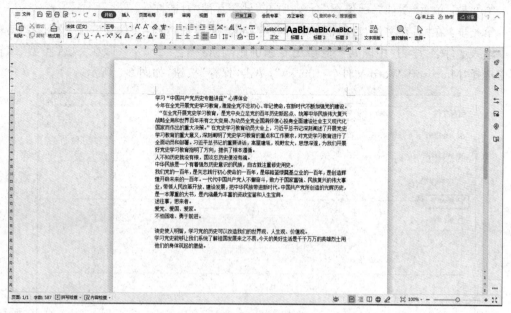

图 2-1 要编辑的文档

4. 任务实施

1）新建和保存 WPS 文档文件

第 1 步：单击"开始"菜单，打开 WPS Office 软件。

第 2 步：在 WPS 首页中单击"新建"按钮，然后单击"新建文字"→"新建空白文字"按钮，如图 2-2 所示。

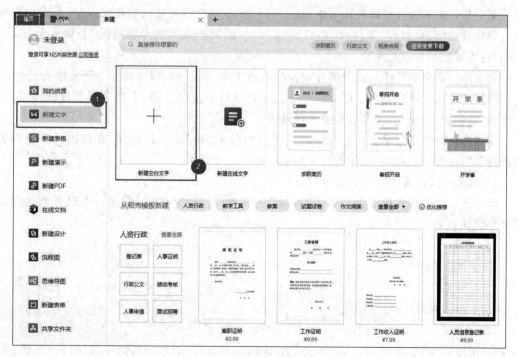

图 2-2 新建空白文字

第3步：单击"文件"→"保存"命令，打开"另存文件"对话框。

第4步：在"另存文件"对话框中选择保存路径为"桌面/资料文件夹"，在"文件名"编辑框中输入文件名"学习'中国共产党历史专题讲座'心得体会—×××"，在"文件类型"编辑框中选择"Microsoft Word 文件(*.docx)"，单击"保存"按钮，如图2-3所示。

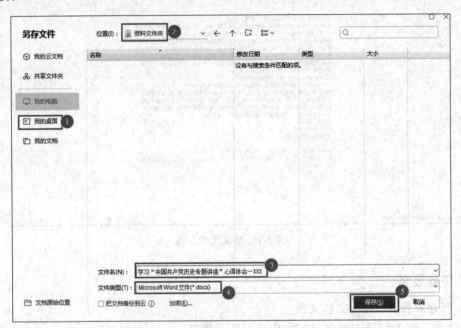

图 2-3　保存文档

2）录入文本、字母、数字、标点等内容

第1步：文本输入。切换输入法，按Ctrl+Shift组合键可依次切换输入法，在文档中输入心得体会内容（可打开"素材库/项目2/学习'中国共产党历史专题讲座'心得体会.docx"文档，直接复制后粘贴过来）。

第2步：英文字母输入。只需在当前输入法下按Shift键，即可转换为英文输入状态。

第3步：标点符号录入。标点符号分为下档字符和上档字符，下档字符直接按即可，上档字符需同时按Shift+符号组合键才可输入。

第4步：特殊符号录入。在"插入"选项卡中单击"符号"下拉按钮，在弹出的下拉列表中选择你所需要的特殊符号，如图2-4所示。

3）文本格式设置

第1步：字体格式化设置。单击"开始"选项卡，找到"字体"工作组。按以下要求完成字体格式化设置。

（1）标题。

① 字体：宋体。

② 字号：二号。

③ 字形：加粗。

（2）正文。

① 字体：仿宋。

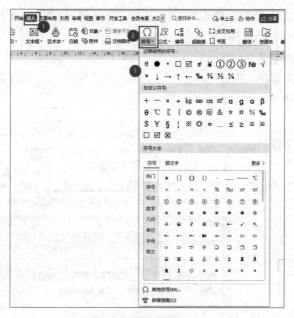

图 2-4 插入特殊符号

② 字号：三号。

（3）所有内容排版后按 Ctrl+A 组合键全选，把数字 1、2、3 等变为 Times New Roman，其他字体不变，如图 2-5 所示。

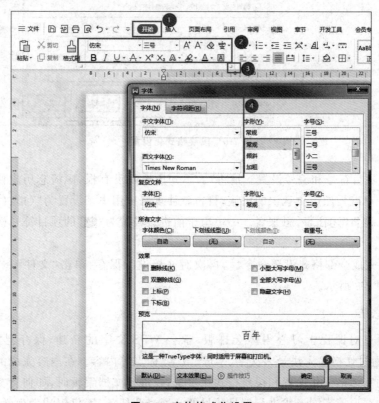

图 2-5 字体格式化设置

第 2 步：段落格式化设置。单击"开始"选项卡，找到"段落"工作组。按以下要求完成字体格式化设置。

(1) 标题行距：固定值 28 磅。

(2) 正文行距：固定值 28 磅。

(3) 全文首行缩进 2 字符，如图 2-6 所示。

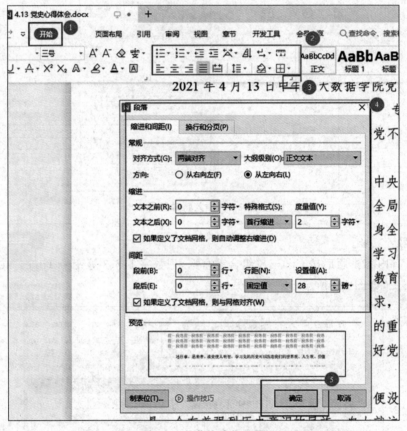

图 2-6　段落格式化设置

第 3 步：项目符号和编号设置。请将"人不知历史就没有根，国淡忘历史便没有魂。中华民族是一个有着强烈历史意识的民族，自古就注重修史用史。"设置为"(1)、(2)、(3)……"的编号格式。请将"述往事，思来者。……勇于前进。"设置为"■"的项目符号格式，如图 2-7 所示。

第 4 步：完成全部格式设置命令后，再次对文档进行保存，单击"文件"→"保存"命令，排版结果如图 2-8 所示。

5. 任务总结

本任务通过对课程学习心得体会排版，学会 WPS 文字的新建、保存、另存。学会在 WPS 文字中通过切换输入法录入文字、字母、数字、标点等内容。在内容完成的基础上学会了针对文本的字体格式化设置和段落格式化设置，在进行文档编辑时，如何让文档达到自动编号，以数字、图形等不同形式进行编号的目的。通过此任务，不仅仅让学生学会排版技能，

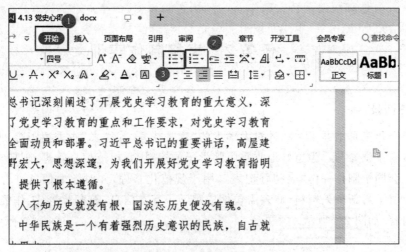

图 2-7 项目符号和编号

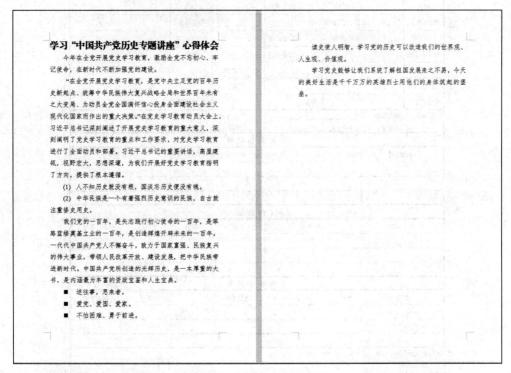

图 2-8 心得体会排版结果

同时巩固课程理论知识,更重要的是学会变通,懂得举一反三,将相关知识点运用到未来的学习和工作中,提高学生动手能力。

任务 2　表格制作实训

1. 任务情景

我校于今年三月承办了一场针对大学生的"春暖花开,等你来"春季招聘会,此次招聘会共有两百多家单位参与。为更好地收集应聘学子的资料,并规范信息管理,现要求负责此次活动的学生会同学制作一份"应聘登记表",用于规范化管理,并对学生信息进行留档,为以后推荐就业留下最新个人资料,此表需包括应聘学子基本信息、教育背景、工作经历、获得荣誉等相关内容,如图 2-9 所示。

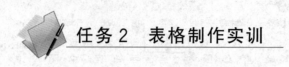

图 2-9　应聘登记表

2. 任务描述

（1）学会在 WPS 文字中通过不同方式插入表格。
（2）学会单元格的合并、拆分。
（3）学会表格行高、列宽的调整。
（4）学会行、列的添加和删除。
（5）学会插入复选框型窗体域。
（6）学会调整单元格对齐方式。
（7）学会边框底纹的设置。

3. 任务目标

（1）学会插入表格。
（2）学会调整行高和列宽，行列的添加和删除。
（3）学会设置边框底纹。
（4）学会应用格式刷复制单元格格式。

4. 任务实施

1）插入表格
第 1 步：通过样文，确定你要添加的表格行列数。
第 2 步：在"插入"选项卡中单击"表格"，执行"插入表格"命令。
第 3 步：设置表格行列数为"30 行 8 列"，如图 2-10 所示。

2）调整表格
第 1 步：调整行高。将光标移到表格右下角，单击按钮，整体性调整表格的行列。选中表格 1～8 行，单击"表格工具"选项卡中的"表格属性"命令。在"表格属性"对话框中选择"行"标签，设置行高为"0.7 厘米"，如图 2-11 所示。将光标移到需调整行线上方，当光标变成双向箭头，按住鼠标左键不放，拖动光标调整行高。

图 2-10　插入表格设置

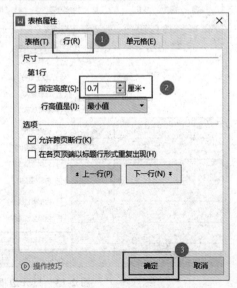

图 2-11　表格属性设置

第2步：调整列宽。将光标移到需调整列线上方，当光标变成双向箭头 ╫ 时，按住鼠标左键不放，拖动光标调整列宽。

第3步：调整单元格。参照样文如图2-12所示，在"表格工具"选项卡中单击"合并单元格"按钮 ，对相应单元格进行合并。在"表格工具"选项卡中单击"拆分单元格"按钮 ，对相应单元格进行拆分，结果如图2-12所示。

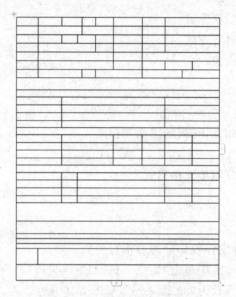

图2-12　调整后的表格

3）美化表格

第1步：将光标移到表格左上角，单击 按钮，全选表格，在"表格样式"选项卡的"边框"下拉按钮中选择"边框和底纹"命令，如图2-13所示。

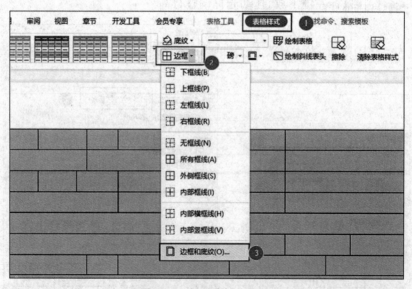

图2-13　打开边框和底纹

第2步：根据样文所示，将表格第9行、第14行、第19行上下框线设置为2.25磅粗细线，将表格第24行上框线设置为2.25磅粗细线，如图2-14所示。

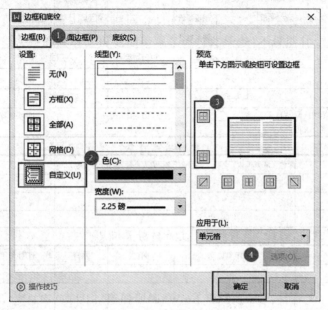

图2-14 设置边框和底纹

4）制作表格标题

第1步：将光标移到表格第一个单元格位置，按Enter键，在表格前方会产生一个空行。

第2步：输入表格标题"应聘登记表"，在"开始"选项卡的"字体"下拉列表中选择"微软雅黑"，在"开始"选项卡的"字号"下拉列表中选择"小二"，在"开始"选项卡中单击"粗体"按钮 B 和单击"居中对齐"按钮 三。

第3步：输入副标题"应聘职位"，设置字体格式为"宋体、10号"。

第4步：输入副标题"填表日期"，设置字体格式为"宋体、10号"，结果如图2-15所示。

图2-15 制作表格标题

5）填充表格内容

第1步：按照样文如图2-16所示，在相应单元格填入样文所示内容，并将字体格式设置为"宋体、10号"。

第2步：按照样文如图2-16所示，在相应单元格插入复选框型窗体域。在"插入"选项卡中单击"窗体"按钮，在其下拉列表中选择"复选框型窗体域"命令。

姓名		性别		出生年月			学历	
婚姻状况		□已婚 □未婚 □离异		孕否（女）			英语等级	
工作年限		政治面貌		期望薪酬			可到岗日期	
身份证号码				联系电话			邮箱	
身份证地址					户口类型		□非深户	□深户
现居住地址					民族		籍贯	
紧急联系人			关系				联系电话	
信息来源：□网络招聘（网站）_____ □人才市场现场 □猎头推荐 □内部推介（推介人）_____ □其他_____									

教 训 培 训 背 景		
起止时间	学校（培训机构）名称（注明全日制/成人自考/函授/电大等）	专业

工 作 经 历				
起止时间	工作单位	职位	薪资	证明人	电话（座机）

家 庭 社 会 关 系				
姓名	关系	工作单位（无工作单位的填写住址）	职务	联系方式

请描述自己的技能专长以及本人的优秀和劣势：

任职历史上是否有超过4个月的空白期？ □无   □有，请说明情况：
有无刑事犯罪纪录： □有 □无
有无重大传染疾病： □有 □无
请问是否已和其他单位签订了保密协议：□是，还在保密期限内   □是，已过保密期限   □未签

自我评价

声明：本人保证以上提供的所有资料完全真实，并愿意接受背景调查核实，如有严重虚假、无法查实之处或恶意隐瞒不实情况，自愿接受无条件除名并由本人承担所引起的一切后果！
本人签名：   年   月   日

图 2-16 填充表格内容

5. 任务总结

该任务通过制作应聘登记表，掌握表格制作的几个关键步骤。在 WPS 文档中制作表格，可以总结为以下操作步骤。

（1）插入表格。

（2）调整表格。

（3）美化表格。

(4)填充表格。

在遵循此制表原则的基础上,以单元格、行、列、表格为对象来进行调整,我们将能够掌握表格设置的全部操作,并且能够完成整体与局部的相互转换,最终制作出一份理想的表格。

任务3　拓展实训:制作一份个人求职简历

任务要求

制作一份个人求职简历,要求如下。
(1)简历中有文字说明(个人基本情况介绍)。
(2)有表格嵌入(表格内容为在校学生成绩)。
(3)有本人照片。
(4)设计个人简历表格的封面与封底。

项目 3

长篇文档编辑与排版实训

WPS 文字中文本编辑与排版既是其基本功能,也是其重要功能。而长文档的编辑与排版是 WPS 文字中的一个重要项目,它能够帮助大家掌握目录制作、页眉页脚设置、版面编辑与排版等内容。通过对毕业论文、长文档排版案例的讲解,能够帮助大家快速掌握文档排版的设置,能够呈现出一份具有美观性、设计性的文档文件。

素材资料包

 任务 1　毕业论文的排版实训

1. 任务情景

小李同寝室的师兄们即将毕业,开始撰写毕业论文,在撰写的过程中遇到了很多问题,特别是论文排版方面,总是不符合要求。刚好小李同学在办公软件课程中学习了长篇文档的排版,便利用所学知识,帮师兄们排版了论文,如图 3-1 所示。

说明:文档"毕业论文.docx"详见"素材库/项目 2/论文原稿"。

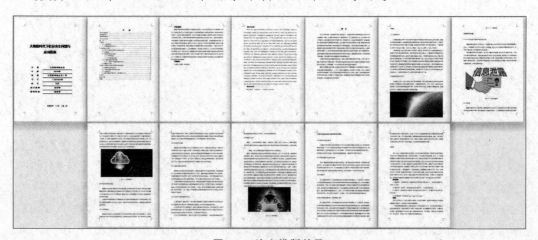

图 3-1　论文排版效果

2. 任务描述

根据毕业论文排版要求,完成下列操作。

（1）排版格式，定稿均采用 A4 纸，上边距 25 毫米、下边距 25 毫米、左边距 35 毫米、右边距 20 毫米；全文排印连续页码，单面打印时页码位于右下角。

（2）封面页使用默认，不用更改。

（3）论文正文小四号宋体，首行缩进 2 字符，行距固定值 22 磅。

（4）内容摘要，中、英文摘要和关键字，标题用"【】"括起，五号黑体字，加粗；其他字体用小四号字体，同正文。文本"前言"所在段落设置为宋体小三，加粗，居中，间距为段前 17 磅，段后 16.5 磅，2.4 倍行距。

（5）论文正文，采用三级标题。一级标题，标题序号为"1."，设置为小四号黑体，间距为段前 17 磅，段后 16.5 磅，2.4 倍行距，独占行，末尾不加标点；二级标题，标题序号为"1.1"，设置为小四号宋体，间距为段前 13 磅，段后 13 磅，1.72 倍行距，独占行，末尾不加标点；三级标题，标题序号为"1.1.1"，设置为小四号宋体，间距为段前 13 磅，段后 13 磅，1.72 倍行距，可根据标题的长短决定是否独占行。若独占行，则末尾不使用标点，若不独占行，标题后必须加句号；正文用小四号宋体。

（6）目录页，在封面页之后，摘要页之前插入一页，要求目录页单独成节，"目录"两字间隔开，用小三号宋体、加粗，居中；各个目录内容用小四号宋体，行距为固定值 22 磅；目录与页码之间用虚线连接，两端对齐；目录按三级标题编写；目录标题和页码要与论文中的标题和页码相一致。

（7）以文件名"毕业设计.docx"保存毕业论文。

3. 任务目标

（1）学会文稿页面设置。

（2）学会进行分页和分节。

（3）掌握样式的应用。

（4）学会自动生成目录。

4. 任务实施

1）页面排版

第 1 步：打开"素材库/项目 3/论文原稿.docx"。

第 2 步：选中除封面页的所有内容，单击"页面布局"选项卡中的"页边距"按钮，在弹出的选择框中选择"自定义页边距"，弹出"页面设置"对话框。

第 3 步：在"页面设置"对话框中单击"页边距"标签，在"页边距"选项卡中输入上边距 25 毫米、下边距 25 毫米、左边距 35 毫米、右边距 20 毫米，切换至"纸张"选项卡，选择"纸张大小"为 A4 后单击"确定"按钮即可。

2）论文正文排版

第 1 步：全选论文正文，设置字体为小四号宋体；单击"段落"按钮后弹出"段落"设置对话框，设置首行缩进 2 字符，间距为固定值 22 磅。

第 2 步：新建样式，单击"开始"选项卡中样式区右下角的按钮，弹出"预设样式"选择框，选择"新建样式"命令后弹出"新建样式"对话框，如图 3-2 所示；在"新建样式"对话框的"名称"右侧的文本框中输入样式名称"摘要"，"后续段落样式"选择"正文"，设置字体为黑体，字号为五号，加粗之后，单击"确定"按钮，如图 3-3 所示，即可新建"摘要"样式。

图 3-2　弹出"新建样式"对话框

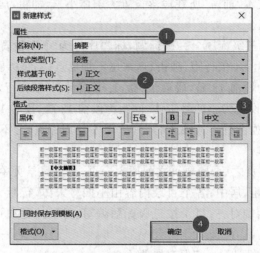

图 3-3　新建样式

同样的方法新建"前言""一级标题""二级标题""三级标题"样式,各样式格式要求如表 3-1 所示。所有样式新建之后,在预设样式框中能看到如图 3-4 所示的预设样式。

表 3-1　样式名称及格式

样式名称	样式格式	应用对象
摘要	五号黑体加粗	带有"【】"括号的文本,"参考文献:"和"致谢"文本
前言	小三号宋体,加粗,居中,间距为段前 17 磅,段后 16.5 磅,2.4 倍行距(首行缩进为无)	文本"前言"
一级标题	小四号黑体,间距为段前 17 磅,段后 16.5 磅,2.4 倍行距(首行缩进为无)	标题序号为"1."的段落
二级标题	小四号宋体,间距为段前 13 磅,段后 13 磅,1.72 倍行距(首行缩进为无)	标题序号为"1.1"的段落
三级标题	小四号宋体,间距为段前 13 磅,段后 13 磅,1.72 倍行距(首行缩进为无)	标题序号为"1.1.1"的段落

第 3 步:应用样式,按住 Ctrl 键依次选择中、英文摘要和关键字,即带有"【】"的文本,单击"预览样式"选择框中的"摘要"样式,即可应用该样式。同样的方法,将样式"前言"用于文本"前言"所在段落,将"一级标题""二级标题""三级标题"应用于表 3-1 所示段落中。

第 4 步:分节,将光标定位于英文摘要的前面,即"【ABSTRACT】"前,如图 3-5 所示,单击"页面布局"选项卡中"分隔符"按钮,在弹出的选择框中选择"下一页分节符"命令,如图 3-6 所示,即可将中英文摘要分为两节。以同样的方法,将"前言""论文正文"单独成节。

图 3-4　新建的样式

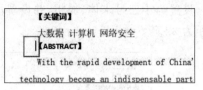
图 3-5　定位光标

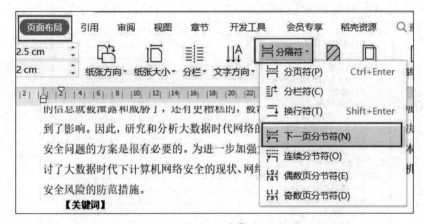
图 3-6　分节

3）生成目录

第 1 步：插入空白页，将光标定位在"【中文摘要】"前，单击"页面布局"选项卡中"分隔符"按钮，在弹出的选择框中选择"下一页分节符"命令即可在论文封面与"【中文摘要】"之间插入空白页。

第 2 步：光标定位于空白页开头，单击"引用"选项卡中的"目录"按钮，在弹出的选择框中选择"自定义目录"命令后弹出"目录"对话框，在"目录"对话框中单击"选项"按钮后弹出"目录选项"对话框，拖动对话框右侧滚动条，如图 3-7 所示，设置各个样式的级别之后单击"目录选项"对话框中的"确定"按钮，关闭"目录选项"对话框，再单击"目录"对话框中的"确定"按钮，即可生成目录。

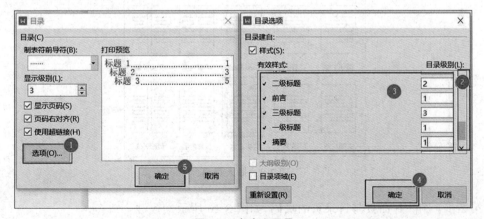
图 3-7　自定义目录

第3步：在生成的目录光标闪烁点处，如图3-8所示，输入文本"目录"，两字间用Space键隔开，设置为小三号宋体、加粗，并设置段落格式为"居中对齐"，目录内容设置为小四号宋体，行距为22磅。

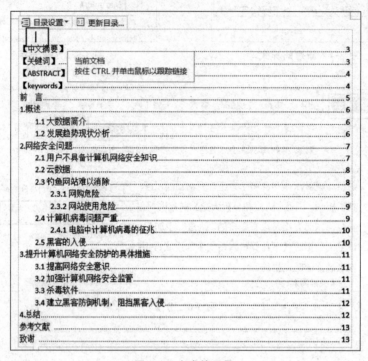

图3-8　生成的目录

4）插入页码

第1步：单击"插入"选项卡中的"页码"按钮，在弹出的"预设样式"选项框中选择"页脚右侧"样式，如图3-9所示。

图3-9　插入页码

第2步：删除封面页与目录页的页码，如图3-10所示。

图 3-10　删除封面页码

第 3 步：设置论文正文页码从"1"开始，如图 3-11 所示。关闭"页脚和页眉"即可完成页码设置。

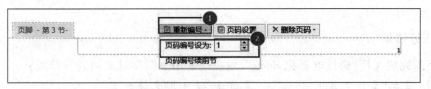

图 3-11　设置页面从"1"开始

第 4 步：选中目录，右击，在弹出的菜单中选择"更新域"命令，在弹出的"更新目录"对话框中选择"只更新页码"后单击"确定"按钮，即可更新目录页码，如图 3-12 所示。

```
                    目  录
【中文摘要】..................................................1
【关键词】....................................................1
【ABSTRACT】.................................................2
【keywords】.................................................2
前  言......................................................3
1.概述......................................................4
   1.1 大数据简介............................................4
   1.2 发展趋势现状分析......................................4
2.网络安全问题...............................................5
   2.1 用户不具备计算机网络安全知识...........................5
   2.2 云数据................................................6
   2.3 钓鱼网站难以消除......................................6
       2.3.1 网购危险........................................7
       2.3.2 网站使用危险....................................7
   2.4 计算机病毒问题严重....................................7
       2.4.1 计算机中计算机病毒的征兆........................8
   2.5 黑客的入侵............................................8
3.提升计算机网络安全防护的具体措施............................9
   3.1 提高网络安全意识......................................9
   3.2 加强计算机网络安全监管................................9
   3.3 杀毒软件..............................................9
   3.4 建立黑客防御机制，阻挡黑客入侵........................10
4.总结......................................................10
参考文献...................................................11
致谢.......................................................11
```

图 3-12　目录最后效果

5）保存毕业论文

单击"文件"菜单，选择"另存为"命令，在弹出的"另存文件"对话框中输入文件名"毕业设计",选择保存路径,单击"保存"按钮,即可保存毕业论文。

5. 任务总结

本任务通过对长篇文档的排版,让学生掌握样式新建及应用、标题级别设置、分节、目录自动生成等操作。通过毕业论文案例的排版,让学生学会并掌握毕业论文的排版,以及长文档排版的相关知识点,能够举一反三。

任务 2 长篇文档"会计电算化.docx"排版实训

1. 任务情景

刘老师完成文档"会计电算化.docx",现在需要小李同学对文档进行排版。

说明:文档"会计电算化.docx"在"素材库/项目 3"文件夹下。

2. 任务描述

文档"会计电算化.docx"排版要求如下。

(1) 排版格式,纸张大小为 16 开,对称页边距,上边距 2.5 厘米、下边距 2 厘米、内侧边距 2.5 厘米、外侧边距 2 厘米,装订线宽 1 厘米,页脚距边界 1 厘米。

(2) 文档中包含三个三级标题,分别用"(一级标题)""(二级标题)""(三级标题)"字样标出。按表 3-2 要求对文档应用样式、多级列表、样式格式进行相应修改。

表 3-2 文档排版格式要求

内容	样式	格式	多级列表
所有用"(一级标题)"标识的段落	标题 1	小二号字、黑体、不加粗,段前 1.5 行、段后 1 行,行距最小值 12 磅,居中	第 1 章、第 2 章、……第 n 章
所有用"(二级标题)"标识的段落	标题 2	小三号字、黑体、不加粗,段前 1 行、段后 0.5 行,行距最小值 12 磅	1-1、1-2、2-1、2-2……n-1、n-2
所有用"(三级标题)"标识的段落	标题 3	小四号字、宋体、加粗,段前 12 磅、段后 6 磅,行距最小值 12 磅	1-1-1、1-1-2……n-1-1、n-1-2 且与二级标题缩进位置相同
除上述三个级别标题外的所有正文(不含图表及题注)	正文	首行缩进 2 字符、1.25 倍行距、段后 6 磅、两端对齐	

(3) 样式应用结束后,将文档中各级标题文字后面括号中的提示文字"(一级标题)""(二级标题)""(三级标题)"全部删除。

(4) 文档中有若干表格及图片,分别在表格上方和图片下方的说明文字左侧添加形如"表 1-1""表 2-1""图 1-1""图 2-1"的题注,其中连字符"-"前面的数字代表章号、"-"后面的数字代表图表的序号,各章节图和表分别连续编号。添加完毕,将样式"题注"的格式修改为仿宋、小五号字、居中。

(5) 在文档中用红色标出的文字的适当位置设置自动引用其题注号。

(6) 在文档的最前面插入目录,要求包含标题第 1~3 级及对应页号。目录、文档的每一章均为独立的一节,每一节的页码均以奇数页为起始页码。

(7) 目录与文档的页码分别独立编码,目录页码使用大写罗马数字(Ⅰ、Ⅱ、Ⅲ…),文档页码使用阿拉伯数字(1、2、3…)且各章节间连续编码。要求奇数页页码显示在页脚右侧,偶数页页码显示在页脚左侧。

(8) 最后保存文档,文件名为"会计电算化定稿.docx"。

3. 任务目标

(1) 学会样式的应用、修改。
(2) 掌握多级列表的操作。
(3) 掌握题注插入及引用。
(4) 掌握奇偶页眉页脚的设置。

4. 任务实施

1) 页面排版

第 1 步：打开"素材库/项目 3/会计电算化.docx"。

第 2 步：单击"页面布局"选项卡中的"页边距"右下角的下拉按钮,在弹出的选择菜单中选择"自定义页边距",弹出"页面设置"对话框,如图 3-13 所示。

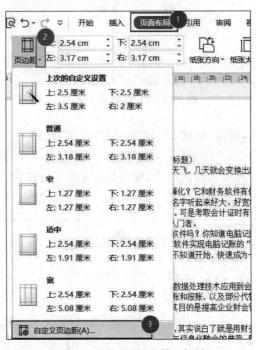

图 3-13　打开"页面设置"对话框

第 3 步：单击"页面设置"对话框中的"纸张"标签,在"纸张大小"选项卡中选择纸张大小为 16 开；单击"页边距"标签,在"页面范围"选项组的"多页"下拉列表中选择"对称页边距",在上边距文本框中输入 2.5 厘米,下边距文本框中输入 2 厘米,内侧页边距文本框中输入 2.5 厘米,外侧边距文本框中输入 2 厘米,装订线宽文本框中输入 1 厘米；单击"版式"标签,设置页脚距边界为 1 厘米。

2)修改样式

第 1 步:右击"开始"选项卡中的"标题 1"按钮,选择"修改样式"命令后打开"修改样式"对话框,在该对话框中按照要求设置字体为小二号字、黑体、不加粗,段落格式为段前 1.5 行、段后 1 行,行距最小值 12 磅,居中对齐,如图 3-14 所示。

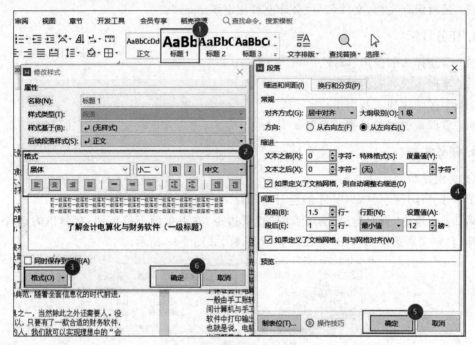

图 3-14　修改"标题 1"样式

第 2 步:同样的方式,修改"标题 2""标题 3"和"正文"样式。

3)设置多级列表

第 1 步:单击"开始"选项卡段落组中"编号"右侧的下拉按钮,选择"自定义编号"命令和弹出"项目符号和编号"对话框。如图 3-15 所示。

图 3-15　"项目符号和编号"对话框

第 2 步：在该对话框中单击"多级编号"标签，选中第二行第四列编号样式后，单击"自定义"按钮，弹出"自定义多级编号列表"对话框。在该对话框中，单击级别 1，在"编号格式"框中"①"前输入"第"后输入"章"，删除"."。如图 3-16 所示。单击级别 2 和 3，删除最后的"."，修改级别 3 的制表位位置与级别 2 相同（制表位位置需单击"高级"按钮），如图 3-16 所示。最后单击"确定"按钮，关闭"自定义多级编号列表"对话框，单击"确定"按钮，关闭"项目符号和编号"对话框。

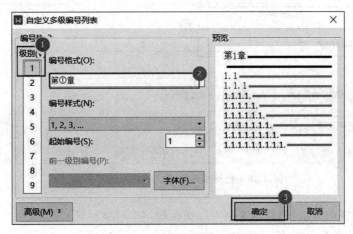

图 3-16　自定义多级编号列表

4）应用样式

第 1 步：复制其中一个"（一级标题）"，按 Ctrl＋H 组合键后弹出"查找和替换"对话框，在该对话框的"查找内容"文本框中粘贴"（一级标题）"（已自动粘贴），光标定位至"替换为"文本框中，单击"格式"按钮，在弹出的选择框中选择"样式"命令后弹出"替换样式"对话框，选择"标题 1"样式后单击"确定"按钮，关闭"替换样式"对话框后单击"全部替换"按钮，在弹出的提示对话框中单击"确定"按钮，确认替换所有即可。如图 3-17 所示。

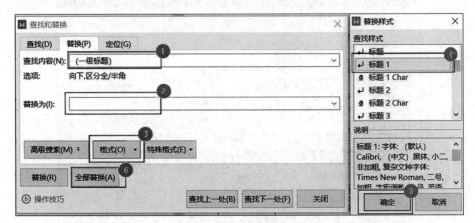

图 3-17　替换样式

第 2 步：以同样的方法，将"（二级标题）""（三级标题）"替换为样式"标题 2""标题 3"。
第 3 步：删除提示文字"（一级标题）"文本。复制其中一个"（一级标题）"，按 Ctrl＋H

组合键弹出"查找和替换"对话框,在该对话框的"查找内容"文本框中粘贴"(一级标题)"(已自动粘贴),"替换为"文本框中为空,单击"全部替换"按钮,在随后弹出的提示对话框中单击"确定"按钮,确认替换所有即可,如图 3-18 所示。

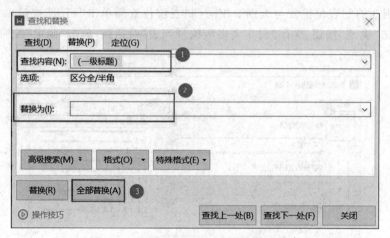

图 3-18　删除提示文字"(一级标题)"文本

第 4 步:同样的方法,将提示文字"(二级标题)""(三级标题)"删除。

5) 插入题注及交叉引用

第 1 步:将光标定位至文档中第一个表格标题前,单击"引用"选项卡中的"题注"按钮,弹出"题注"对话框,在"标签"下拉列表中选择"表"后单击"编号"按钮,在随后弹出的"题注编号"对话框中勾选"包含章节编号"复选框后单击"确定"按钮,关闭"题注编号"对话框后单击"确定"按钮,即可插入题注"表 1-1",如图 3-19 所示。

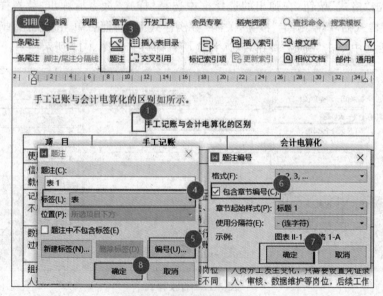

图 3-19　插入题注"表 1-1"

第 2 步:同样的方法为其他表格插入题注。

第 3 步：将光标定位至文档中第一张图片标题前，单击"引用"选项卡中的"题注"按钮，弹出"题注"对话框，在"标签"下拉列表中选择"图"后单击"编号"按钮，在随后弹出的"题注编号"对话框中勾选"包含章节编号"复选框后单击"确定"按钮，关闭"题注编号"对话框后单击"确定"按钮，即可插入题注"图 1-1"，如图 3-20 所示。

第 4 步：同样的方法为其他图片插入题注。

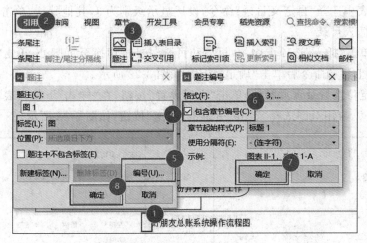

图 3-20　插入题注"图 1-1"

第 5 步：修改"题注"样式为仿宋、小五号字、居中（方法同"2)修改样式"）。

第 6 步：定位光标至第一个表格上方"如"与"所示"的中间，单击"引用"选项卡中的"交叉引用"按钮，弹出"交叉引用"对话框，在该对话框中选择"引用类型"为"表"，"引用内容"为"只有标签和编号"，选择对应的题注后单击"插入"按钮即可，如图 3-21 所示。

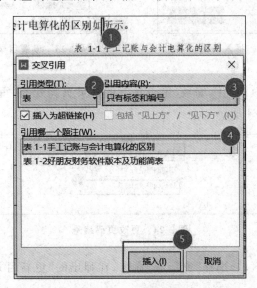

图 3-21　引用题注

第 7 步：同样方法可为文档中用红色标出的文字的适当位置设置自动引用其题注号。如果是图，则选择"引用类型"为"图"即可。

6)插入目录及设置页码

第1步:单击"视图"选项卡中的"导航窗格",将"目录"显示在左侧。分别选到每一章第一页,光标定位在章节号前,单击"页面布局"选项卡中"分隔符"右侧的下拉按钮,在弹出的下拉列表中选择"奇数页分节符"命令。

第2步:在第一页空白页的位置,单击"引用"选项卡中"目录"右侧的下拉选择按钮,在弹出的下拉列表中选择"自定义目录"命令,设置显示级别为3,其他默认,单击"确定"按钮即可在空白页中插入目录。

第3步:单击"插入"选项卡中的"页眉和页脚"按钮,切换至页脚处,单击"插入页码"按钮,选择"双面打印1"命令后单击"确定"按钮,如图3-22所示。

第4步:定位至目录页页脚处,单击"页码设置"按钮,在"样式"下拉列表中选择罗马数字"Ⅰ,Ⅱ,Ⅲ…",应用范围选择"本节"后单击"确定"按钮,如图3-23所示。

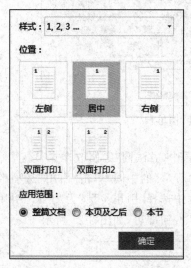

图 3-22 插入页码

图 3-23 设置目录页页码格式

第5步:修改每节页码连续编号,单击每节的首页页脚处的"重新编号"按钮,选择"页码编号续前节",如图3-24所示。

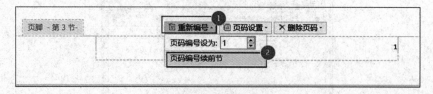

图 3-24 更改页码编号

第6步:右击目录区域,选择"更新域"命令,在弹出的"更新目录"对话框中选择"只更新页码"即可。

7)保存文稿

单击菜单栏中"文件"按钮,选择"另存为"命令,弹出"另存为"对话框,在该对话框中选择保存位置,修改文件名为"会计电算化定稿.docx"后单击"保存"按钮即可。

5. 任务总结

本任务通过对长文档的排版,掌握样式的应用、修改,掌握多级列表、题注的插入及引用,掌握奇偶页眉页脚的设置。能够根据不同文档的需求,实现文档的格式调整,在排版上体现出灵活性,使得文档的排版变得更加美观。通过此任务,不仅能让学生掌握知识技能,具有一定动手能力,更能够培养学生多观察、多尝试的能力,学会变通,学无止境,将相关知识与现实需求高效结合,提高学生个人能力。

任务3 拓展实训:"供应链中的库存管理研究"论文排版

任务要求

2021级企业管理专业的林妙妙同学选修了"供应链管理"课程,并撰写了题目为"供应链中的库存管理研究"的课程论文。论文的排版和参考文献还需要进一步修改,根据以下要求,帮助林妙妙对论文进行完善。

第1步:打开"素材库/项目3/拓展训练/Word素材.docx",另存为"Word.docx",此后所有操作均基于该文档。

要求:为论文创建封面,将论文题目、作者姓名和作者专业放置在文本框中,并居中对齐;文本框的环绕方式为四周型,在页面中的对齐方式为左右居中。在页面的下侧插入图片("素材库/项目3/图片1.jpg"),环绕方式为四周型,并应用一种映象效果。整体效果可参考示例文件"素材库/项目3/封面效果.docx"。

第2步:对文档内容进行分节,使得"封面""目录""图表目录""摘要""1.引言""2.库存管理的原理和方法""3.传统库存管理存在的问题""4.供应链管理环境下的常用库存管理方法""5.结论""参考书目"和"专业词汇索引"各部分的内容都位于独立的节中,且每节都从新的一页开始。

第3步:修改文档中样式为"正文文字"的文本,使其首行缩进2字符,段前和段后的间距为0.5行;修改"标题1"样式,将其自动编号的样式修改为"第1章,第2章,第3章……";修改标题2.1.2下方的编号列表,使用自动编号,样式为"1)、2)、3)……";复制"素材库/项目3/拓展训练/项目符号列表.docx"文档中的"项目符号列表"样式到论文中,并应用于标题2.2.1下方的项目符号列表。

第4步:将文档中的所有脚注转换为尾注,并使其位于每节的末尾;在"目录"节中插入"流行"格式的目录,替换"请在此插入目录!"文字;目录中需包含各级标题和"摘要""参考书目"以及"专业词汇索引",其中"摘要""参考书目"和"专业词汇索引"在目录中须和标题1同级别。

第5步:使用题注功能,修改图片下方的标题编号,以便其编号可以自动排序和更新,在"图表目"节中插入格式为"正式"的图表目录;使用交叉引用功能,修改图表上方正文中对于图表标题编号的引用(已经用黄色底纹标记),以便这些引用能够在图表标题的编号发生变化时可以自动更新。

第 6 步：将文档中所有的文本"ABC 分类法"都标记为索引项；删除文档中文本"供应链"的索引项标记；更新索引。

第 7 步：在文档的页脚正中插入页码，要求封面页无页码，目录和图表目录部分使用"Ⅰ、Ⅱ、Ⅲ……"格式，正文以及参考书目和专业词汇索引部分使用"1、2、3……"格式。

第 8 步：删除文档中的所有空行。

项目 4

图文混排实训

宣传海报设计是视觉传达的表现形式之一,它通过版面的构成吸引人们的目光,其范围已不再是戏剧演出的专用张贴物了,它同广告一样,具有向群众介绍某一物体、事件的特性,所以又是一种广告。海报是极为常见的一种招贴形式,其语言要求简明扼要,形式要做到新颖美观,这就要求设计者要将图片、文字、色彩、空间等要素进行完整的结合,以恰当的形式向人们展示出宣传信息。本项目通过制作学生会纳新宣传海报等案例讲解,让学生掌握海报设计的关键技能,并且能够制作出完整的宣传海报。

素材资料包

任务 1 制作学生会纳新宣传海报

1. 任务情景

新学期开始,学院学生会准备纳新,现在需要制作一个如图 4-1 所示宣传海报(彩色效果图参见"素材库/项目 4/图 4-1")。于是,宣传部老师找到学生会同学。小李同学最近刚学习了 WPS 文字图文混排,很想展示自己的才华,便主动承担了这个任务,并开始了制作工作。

2. 任务描述

如图 4-1 所示的宣传海报需用到图片、文字等对象,具体排版格式要求如下。

(1) 页面设置,纸张大小为 A4,页边距定义为窄,其他默认。

(2) 文稿背景用渐变中的"金色年华"进行填充。

(3) 图片"纳新.png"(在"素材库/项目 4/"文件夹下)须裁去多余的空白区域后,设置图片高度为 8 厘米、宽度为 18 厘米,顶端水平居中对齐。图片"奔跑.png"(在"素材库/项目 4/"文件夹下)同样裁剪去多余的空白区域后,设置图片高度为 11 厘米、宽度为 21 厘米,底端水平居中对齐。

(4) 录入文字"想加入一个……不一样的精彩。"

图 4-1 学生会纳新宣传海报效果图

设置字体为微软雅黑,三号,加粗。

(5)设置文本"拼""成就""精彩"字体为微软雅黑,字号为初号,红色,排版如图 4-2 所示。

(6)设置文本"想"为艺术字,艺术字样式为"填充-黑色,文本 1,轮廓-背景 1,清晰阴影-着色 5",艺术字的字体为华文行楷,字号为 100 号。设置艺术字文本填充为渐变填充,渐变样式为矩形渐变,中心辐射,色标用取色器从图片"纳新.png"中提取,最后效果如图 4-2 所示。

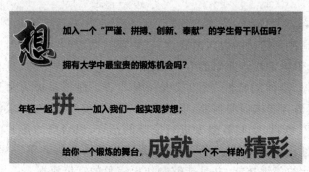

图 4-2　文字排版效果

(7)以文本框的形式录入报名时间和地点的相关文字,并设置字体为微软雅黑,16 号,加粗,红色。设置文本框的线条为无,填充色为矢车菊蓝,着色 5,浅色 60%,透明度为 33%。文本框排版如图 4-1 所示。

(8)将文稿以文件名"学生会纳新宣传海报.docx"保存。

3. 任务目标

(1)学会页面设置,页面背景填充。
(2)掌握 WPS 文稿中图片的插入、裁剪、环绕方式等操作。
(3)掌握艺术字的插入及美化。

4. 任务实施

1) 页面设置

第 1 步:启动 WPS 软件,新建 WPS 文字文稿。

第 2 步:在 WPS 文字文稿中,单击"页面布局"选项卡中的"页边距"按钮,在弹出的下拉选择框中选择"窄"命令。

2) 填充背景

单击"页面布局"选项卡中的"背景"按钮,在弹出的下拉菜单中选择"其他背景",在右侧的选择框中选择"渐变"后弹出"填充效果"对话框,在该对话框中选择"渐变"标签,在"渐变"选项卡中选中"预设"单选按钮,单击"预设颜色"下拉按钮,在弹出的下拉菜单中选择"金色年华","底纹样式"选择"水平"中的第 2 个样式,"变形"选择右上方变形式样如图 4-3 所示。最后单击"确定"按钮,即可完成背景填充。

3) 插入图片

第 1 步:单击"插入"选项卡中的"图片"按钮,选择本地图片,插入"素材库/项目 4/纳

项目4 图文混排实训

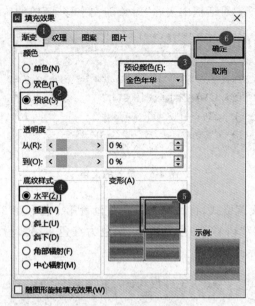

图 4-3 渐变填充背景

新.png"。

第 2 步：选中图片，单击"图片工具"选项卡中的"裁剪"按钮，如图 4-4 所示。裁去多余的空白区域。

图 4-4 裁剪图片

第 3 步：选中图片，在"图片工具"选项卡中取消勾选"锁定纵横比"，在形状高度右侧文本框中录入 8 厘米。在形状宽度右侧文本框中录入 18 厘米，如图 4-5 所示。

图 4-5 设置图片的高和宽

第 4 步：选中图片，单击"图片工具"选项卡中的"环绕"按钮，设置图片的环绕方式为"四周型环绕"，再单击"对齐"按钮，选择"水平居中"和"顶端对齐"即可。

第 5 步：用同样的方法，插入"素材库/项目 4/奔跑.png"，裁去多余的空白区域，设置图片高度为 11 厘米，宽度为 21 厘米，底端水平居中即可。

4）录入并排版文字

第 1 步：定位光标（可双击定位），录入如图 4-6 所示文字，并设置字体为微软雅黑，三号，加粗（注：在录入文字的时候，发现图片会随着文字录入而移动，可右击图片，选择"其他布局选项",在弹出的"布局"对话框中去除"对象随文字移动"前的钩即可)。

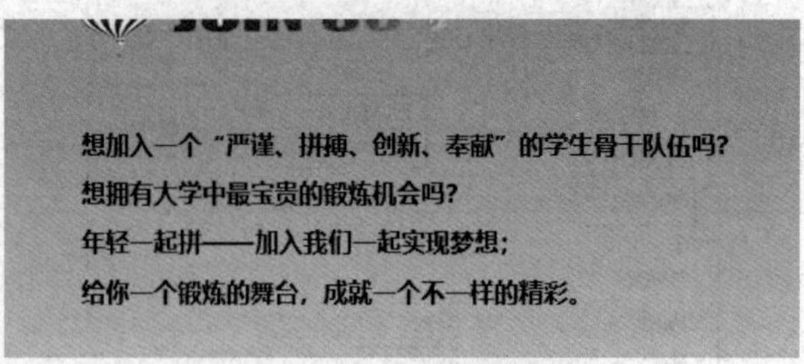

图 4-6　录入的文字

第 2 步：设置文字段落格式，行距为 4 倍。并设置第 1 行和第 2 行缩进为文本之前 8 字符。设置文本"拼""成就""精彩"字号为初号，颜色为红色。第 3 行左对齐，第 4 行右对齐，最后排版效果如图 4-7 所示。

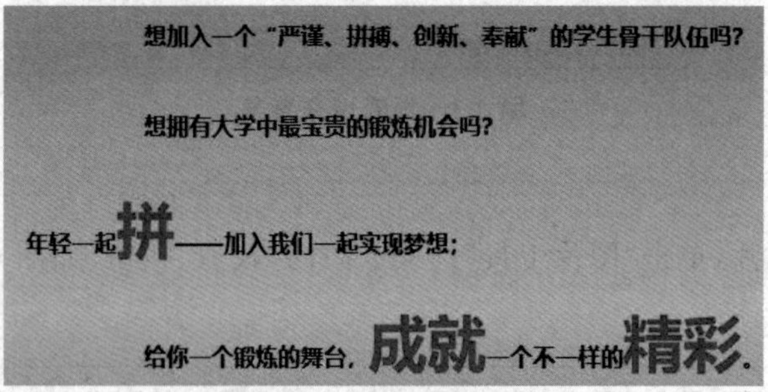

图 4-7　文字排版效果

5）插入艺术字

第 1 步：单击"插入"选项卡中"艺术字"按钮，在弹出的"预设样式"窗口中选择艺术字样式为"填充-黑色，文本 1，轮廓-背景 1，清晰阴影-着色 5"，在弹出的文本框中输入"想"字，并设置字体为华文行楷，字号为 100 号。

第 2 步：选中艺术字，单击"文本工具"中"文本填充"下拉按钮，从中选择"更多设置"命令，打开"文本选项"属性窗格（一般在页面右侧显示）。

第 3 步：在"文本选项"属性窗格中，选择"文本填充"为"渐变填充"，"渐变样式"为"矩形渐变中心辐射"，色标用取色器从图片"纳新.png"中提取，色标位置可进行调整，如图 4-8 所示。

第 4 步：移动艺术字，放置于文本第 1 行和第 2 行前面，并删除第 1 行和第 2 行的第一个文本"想"，最后排版如图 4-2 所示。

6）插入文本框

第 1 步：单击"插入"选项卡中的"文本框"下拉按钮，在弹出的"预设文本框"选择窗口中选择"横向"命令。

第 2 步：绘制文本框，并录入报名时间和报名地点相关文字并按要求设置字体为微软雅黑，16 号，加粗，红色。

第 3 步：选中文本框，单击"绘图工具"选项卡中的"填充"下拉按钮，在弹出的选择框中选择"更多设置"命令,在"形状选项"窗格中设置填充色为"纯色填充",颜色为"矢车菊蓝,着色 5,浅色 60%","透明度"为 33%。"线条"为无,如图 4-9 所示。

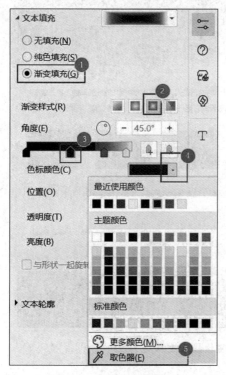

图 4-8　艺术字文本填充

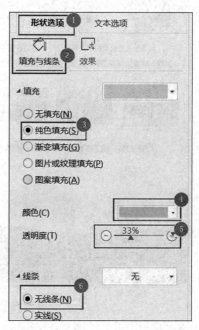

图 4-9　设置文本框填充色与线条

第 4 步:移动文本框至如图 4-1 所示位置。

7)保存文稿

单击"文件"菜单,选择"保存"命令,在弹出的"另存文件"对话框中选择保存路径,在文件名右侧的文本框中输入"学生会纳新宣传海报"之后单击"保存"按钮即可。

5. 任务总结

本任务通过对学生会纳新宣传海报的制作,让学生掌握图片的插入、裁剪、大小设置、页面背景色的填充、艺术字和文本框的插入与设置以及取色器的使用。通过对知识学习,学会探索、研究,并且对美产生新的定义,为将来进入职场奠定基础。

 ## 任务 2　制作旅游推广宣传海报

1. 任务情景

最近,学校举办"推广我的家乡"宣传海报制作办公软件技能大赛,要求用 WPS 文字处理工具制作宣传海报。小李跟同学商量好之后,决定通过制作宣传海报的形式制作如图 4-10 所示的宣传海报(彩色效果图详见"素材库/项目 4/图 4-10")对家乡进行宣传。

图 4-10　旅游宣传最终效果

2. 任务描述

如图 4-1 所示的宣传海报需用到图片、文字等对象，具体排版格式要求如下。

(1) 页面设置为自定义，宽度为 30 厘米，高度为 25 厘米，其他默认。

(2) 用"素材库/项目 4/背景.jpg"填充文稿背景。

(3) 文字"我们一起去云南旅游"为艺术字，艺术字样式为免费"稻壳艺术字"中"简约"类别中的"小清新"，字体默认，字号为 48 磅，设置为水平居中，顶端对齐；文字"多彩云南"为艺术字，艺术字样式为免费"稻壳艺术字"中"简约"类别中的"绚丽多彩"，字体为"方正舒体"，字号 100 磅，设置为水平居中，排版在文字"我们一起去云南旅游"的下方。

(4) 文字"云南是……而得名"和"大理的悠远……七彩云南"，字体微软雅黑，字号三号，水平居中，排版如图 4-1 所示。

(5) 旅游图廊排版如图 4-1 所示，所有的图片高度都设置为 3 厘米，其他默认即可；图廊边框颜色设置为"钢蓝，着色 1，浅色 40%"。

(6) 文字"预定专线……"设置为黑体，三号，红色。

(7) 将宣传海报保存为 PDF 格式，文件名为"云南旅游宣传海报.pdf"。

3. 任务目标

(1) 学会形状的绘制。

(2) 掌握在 WPS 文字中插入图片及设置图片格式的方法。

(3) 学会在 WPS 文字中插入艺术字的方法。

(4) 学会将文档保存为 PDF 格式的方法。

4. 任务实施

1) 页面设置

第 1 步：启动 WPS 软件，新建 WPS 文字文稿。

第 2 步：在 WPS 文字文稿中，单击"页面布局"选项卡中的"纸张大小"按钮，在弹出的下拉菜单中选择"其他页面大小"命令，弹出"页面设置"对话框，在该对话框中切换至"纸张"选项卡，在"宽度"文本框中输入 30，在"高度"文本框中输入 25，单击"确定"按钮。

2) 填充背景

第 1 步：单击"插入"选项卡中的"形状"按钮，在弹出的下拉菜单中选择"矩形"光标变成十字形。

第 2 步：在 WPS 文稿中，按住鼠标左键绘制矩形。

第 3 步：选中矩形，在"绘图工具"选项卡中设置矩形的高为 25 厘米，宽为 30 厘米，如图 4-11 所示。设置矩形的对齐方式为"左对齐"和"顶端对齐"，如图 4-12 所示。

图 4-11　设置矩形的高和宽

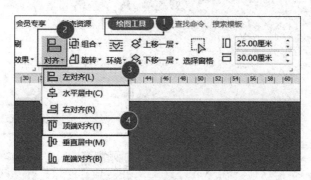

图 4-12　矩形的对齐

第 4 步：选中矩形，在"绘图工具"选项卡中单击"填充"下拉按钮，在弹出的下拉菜单中选择"图片或纹理"，再选择"本地图片"，在弹出的"选择纹理"对话框中选择"素材库/项目 4/背景.jpg"，然后单击"打开"按钮即可，最后效果如图 4-13 所示。

3) 插入艺术字

第 1 步：单击"插入"选项卡中的"艺术字"按钮，在弹出的下拉菜单中选择"免费"中"小清新"样式，单击即可自动下载并免费使用，如图 4-14 所示。在文本框中将文本"小清新"更改为"我们一起去云南旅游"，设置字号为 48 号；并设置此对象的对齐方式为"水平居中""顶端对齐"，对齐方式设置方法如图 4-12 所示。

注意：插入免费艺术字样式需要联网，且需登录用户。

第 2 步：用同样的方法设置艺术字"多彩云南"，艺术字样式为"绚丽多彩"；设置文本

图 4-13 填充背景效果

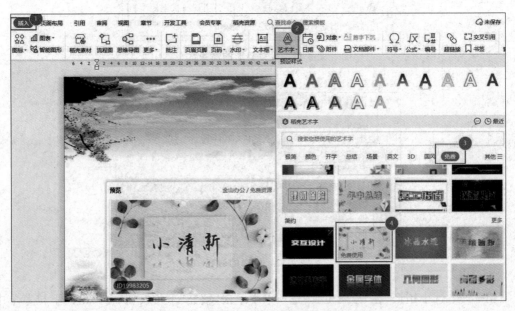

图 4-14 插入艺术字

"多彩云南"字体为方正舒体,字号为 100 磅;艺术字"多彩云南"对齐方式为"水平居中"。艺术字最后排版效果如图 4-15 所示。

4)插入文本框

第 1 步:单击"插入"选项卡中的"文本框"下拉按钮,在弹出的下拉菜单中选择"预设文本框"中的"横向"命令,之后在文稿中绘制文本框;在文本框中录入所需文字,并设置字体为微软雅黑,字号为三号;设置文本框的填充为"无填充颜色",轮廓为"无边框颜色",如图 4-16 所示。

图 4-15　艺术字排版效果

第 2 步：用同样的方法设置文本"大理的悠远……七彩云南"，也可直接复制，粘贴之后更改文字。

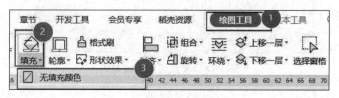

图 4-16　设置文本框的填充

第 3 步：用同样的方法绘制文本框，录入文字"预定专线……"，将字体设置为黑体，三号，红色。排版在页面的右下方，如图 4-10 所示。

5）插入图廊

第 1 步：在 WPS 文稿中再插入一个横向文本框，在文本框内插入一个 1 行 6 列的表格，如图 4-17 所示。

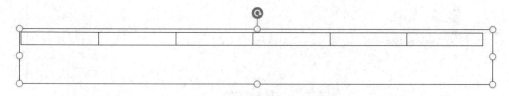

图 4-17　插入 1 行 6 列的表格

第 2 步：适当调整如图 4-17 所示的文本框与表格的大小，之后在表格中依次插入"素材库/项目 4/"文件夹下图片，并将图片的宽设置为 4 厘米，高度默认。将表格中的图片对齐方式设置为"水平居中"，文本框的对齐方式为"水平居中"。最后，设置文本框的填充为"无填充颜色"，轮廓为"无边框颜色"；设置表格边框样式如图 4-18 所示，边框颜色为"钢蓝，着色 1，浅色 40％"，最终图廊效果如图 4-19 所示。再单击"确定"按钮。

6）输出为 PDF 文档

第 1 步：将 WPS 文稿以文件名"云南旅游宣传海报.docx"进行保存。

第 2 步：单击"文件"菜单，选择"输出为 PDF"命令，在弹出的"输出为 PDF"对话框中选择保存位置为"源文件夹"后，单击"开始输出"按钮即可，如图 4-20 所示。

第 3 步：等待输出 PDF 文件后，单击"打开文件"按钮，如图 4-21 所示。即可预览如图 4-1 所示的效果文件。

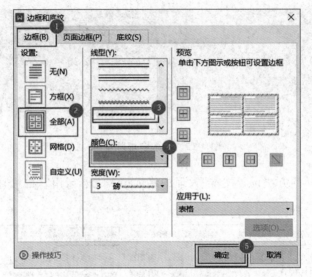

图 4-18　设置图廊边框样式

图 4-19　图廊效果

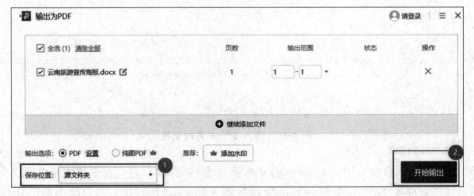

图 4-20　输出 PDF 文件

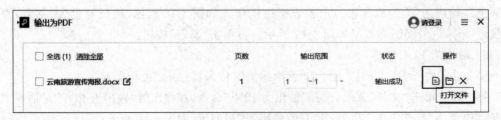

图 4-21　打开 PDF 文件

5. 任务总结

该任务通过对云南旅游宣传海报的制作,让学生了解图文混排还可多种对象组合应用,如本任务中,当插入表格时,"表格"按钮为灰色,表示无法插入表格。这时,先插入一个文本框,再在文本框中插入表格即可。

页面背景填充,图片无法满足需求时,也可借助形状来实现需求。本任务中,若将"素材库/项目4/背景.jpg"作为背景填充时,图片显示不完整,在图形中填充即可满足需求。

任务3 拓展实训:制作"垃圾分类"宣传海报

用"素材库/项目4"文件夹中的图片素材,完成如图4-22(彩色效果图参见"素材库/项目4/图4-9")所示的宣传海报制作。利用素材制作,可跟图片一致,也可进行拓展。

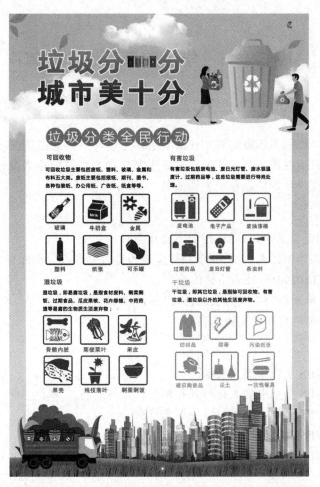

图4-22 宣传海报首页

项目 5

邮件合并实训

WPS 中的邮件合并功能能够在任何需要大量制作模板化文档的场合中使用,用户可以借助它批量生成通知书、邀请函、信封、电子邮件、工资条、明信片、准考证、成绩单、毕业证书等。使用邮件合并功能通常需要 3 个步骤:一是创建数据源,二是创建主文档,三是邮件合并。下面以三个实例"学生信息表设计与制作""批量生成录取通知书""批量生成展会邀请函"为例讲解邮件合并。

素材资料包

任务 1　学生信息表设计与制作

1. 任务情景

新的学期开学以后,某班级的班主任需要制作一份学生档案信息表,用于存储每个学生的基本信息,方便日后使用。班主任老师需要先制作学生档案信息表登记模板,如图 5-1 所示,为后期制作每位学生的信息登记表做准备。

2. 任务描述

要完成学生档案信息表,需要进行如下操作。
(1) 在 WPS 文档中插入表格,并按照样文适当地合并和拆分单元格。
(2) 调整单元格的大小,使表格整体美观。
(3) 设置照片单元格的样式为填充色"白色,背景 1,深色 25%"。
(4) 学会使用邮件合并批量制作表格。

3. 任务目标

(1) 学会在 WPS 文档中插入表格。
(2) 掌握在 WPS 文档中插入行与列并调整行宽与列高。
(3) 熟悉在 WPS 文档中合并与拆分单元格。
(4) 熟悉在 WPS 文档中设置单元格的样式。
(5) 熟悉在 WPS 文件中使用邮件合并批量制作表格。

4. 任务实施

1) 创建"学生档案表"文档并保存文档

第 1 步:启动 WPS Office,新建一个空白文档。单击快速访问工具栏中的"保存"按钮,

学生信息档案表

学院：__________ 专业：__________ 年级：________

<table>
<tr><td rowspan="6">学生本人基本情况</td><td>姓名</td><td></td><td>性别</td><td></td><td>民族</td><td></td><td rowspan="6"></td></tr>
<tr><td>姓名拼音</td><td colspan="2"></td><td>班级</td><td colspan="2"></td></tr>
<tr><td>学号</td><td colspan="2"></td><td>宿舍号</td><td colspan="2"></td></tr>
<tr><td>出生日期</td><td colspan="2"></td><td>政治面貌</td><td colspan="2"></td></tr>
<tr><td>身份证号</td><td colspan="2"></td><td>籍贯</td><td colspan="2"></td></tr>
<tr><td>联系电话</td><td colspan="2"></td><td>电子邮箱</td><td colspan="2"></td></tr>
<tr><td rowspan="2">家庭通信信息</td><td>家庭详细地址</td><td colspan="6"></td></tr>
<tr><td>邮政编码</td><td colspan="2"></td><td>联系电话</td><td colspan="3"></td></tr>
<tr><td rowspan="5">家庭信息登记</td><td>关系</td><td>姓名</td><td colspan="3">工作单位或联系地址</td><td colspan="2">联系电话</td></tr>
<tr><td></td><td></td><td colspan="3"></td><td colspan="2"></td></tr>
<tr><td></td><td></td><td colspan="3"></td><td colspan="2"></td></tr>
<tr><td></td><td></td><td colspan="3"></td><td colspan="2"></td></tr>
<tr><td></td><td></td><td colspan="3"></td><td colspan="2"></td></tr>
<tr><td rowspan="5">本人简历（从小学起不间断）</td><td colspan="2">起止时间</td><td colspan="3">学校（工作）单位</td><td colspan="2">担任职务</td></tr>
<tr><td colspan="2"></td><td colspan="3"></td><td colspan="2"></td></tr>
<tr><td colspan="2"></td><td colspan="3"></td><td colspan="2"></td></tr>
<tr><td colspan="2"></td><td colspan="3"></td><td colspan="2"></td></tr>
<tr><td colspan="2"></td><td colspan="3"></td><td colspan="2"></td></tr>
<tr><td>获得的荣誉</td><td colspan="7"></td></tr>
</table>

图 5-1 制作完成后的学生档案信息表

设置“保存位置”为“桌面”，输入“文件名”为“学生档案信息表”，最后单击“保存”按钮。

第 2 步：在“页面布局”选项卡中将页边距的“上”“下”“左”“右”都设置为 1.5 厘米。

2）插入标题等信息

第 1 步：输入文本“学生档案信息表”。

第 2 步：选中文本，单击“开始”选项卡，在“字体”组中设置字号为“小二”，加粗；单击“居中”按钮，设置文本居中对齐。

第 3 步：插入文本“学院：________专业：________年级：________”信息，填空线使用下划线功能＋空格完成，并设置字体为“宋体”，字号为“小四”。

3）插入表格

第 1 步：将光标插入点放在第 3 行的首部。

第 2 步：打开“插入”选项卡，单击“表格”下拉按钮，插入 7 列 19 行的表格。

4）合并和拆分单元格

第 1 步：首先在插入的表格中输入文字，然后选中第 1 列中第 1 行到第 6 行的单元格，切换到"表格工具"选项卡，单击"合并单元格"按钮，此时 6 个单元格合并成 1 个单元格。

第 2 步：选中第 3 列中第 1 行的单元格，切换到"表格工具"选项卡中单击"拆分单元格"按钮，打开"拆分单元格"对话框，设置"列数"为 2，此时 1 个单元格即可拆分成 2 个单元格。

第 3 步：根据图 5-2 合并和拆分单元格。

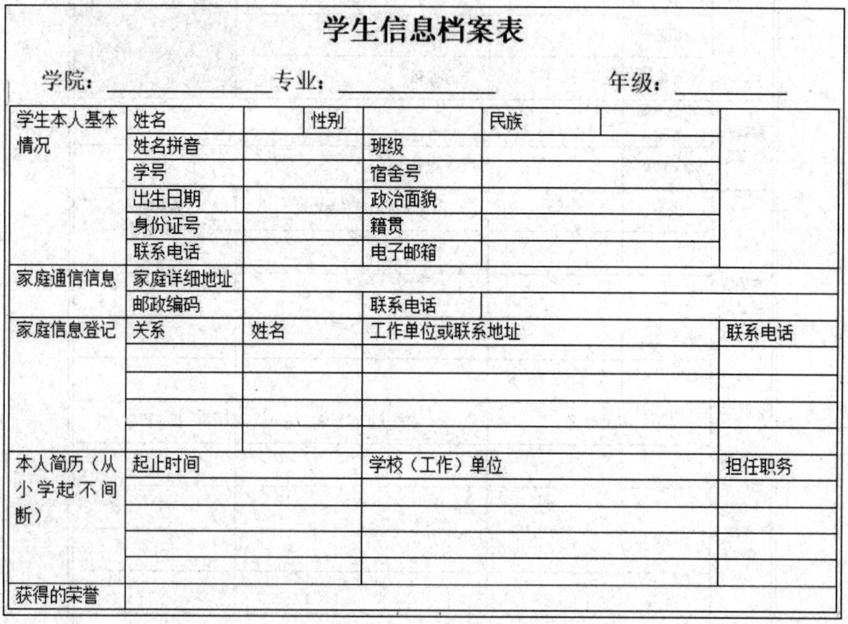

图 5-2　合并和拆分单元格后的效果图

5）调整单元格大小

第 1 步：选中表格，单击"表格工具"选项卡，将单元格高度设置为 1 厘米，如图 5-3 所示。再单独选中表格最后一行的单元格设置高度为 4 厘米。

第 2 步：选择表格第一列，使用同样的方法设置宽度为 1.5 厘米。再根据文本使用鼠标微调其他单元格的宽度，调整完成后的效果如图 5-4 所示。

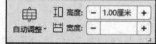

图 5-3　调整单元格高度

6）设置表格和单元格的样式

第 1 步：选中表格，在"表格工具"选项卡中的"对齐方式"下拉列表中选择"水平居中"对齐。

第 2 步：选中第 1 行第 7 列单元格，在弹出的窗中单击填充下拉按钮 ，选择填充色为"白色，背景 1，深色 25%"，如图 5-5 所示。

至此，学生档案信息表就制作完成了。

7）批量生成学生档案信息表

第 1 步：在 WPS 中打开"学生档案信息表"，单击"引用"选项卡，在弹出的工具栏中单击"邮件"按钮，切换到"邮件合并"选项卡。

学生信息档案表

学院：		专业：			年级：	
学生本人基本情况	姓名		性别		民族	
	姓名拼音		班级			
	学号		宿舍号			
	出生日期		政治面貌			
	身份证号		籍贯			
	联系电话		电子邮箱			
家庭通信信息	家庭详细地址					
	邮政编码		联系电话			
家庭信息登记	关系	姓名	工作单位或联系地址		联系电话	
本人简历（从小学起不间断）	起止时间		学校（工作）单位		担任职务	
获得的荣誉						

图 5-4 调整单元格大小后的效果图

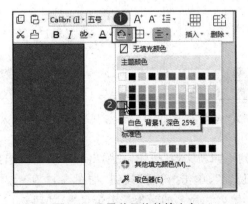

图 5-5 设置单元格的填充色

第2步：单击"打开数据源"下拉按钮，在弹出的下拉列表中选择"打开数据源"命令，在弹出的"选择数据源"对话框中选择准备好的"数据源"，单击"打开"按钮，弹出如图5-6所示的"选择表格"对话框，单击"确定"按钮。

第3步：将光标分别定位到"学院""专业""年级"后面的横线上，单击"插入合并域"，在弹出的"插入域"对话框中分别选择"学院""专业"和"年级"，单击"插入"按钮，然后单击"关闭"按钮，如图5-7~图5-9所示。插入完成后的效果如图5-10所示。

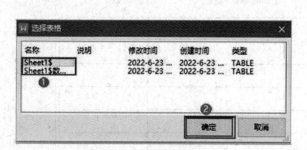

图5-6 "选择表格"对话框　　　　图5-7 插入"学院"域

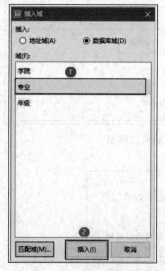
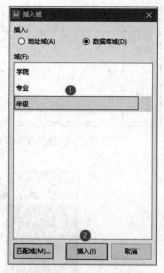

图5-8 插入"专业"域　　　　图5-9 插入"年级"域

第4步：单击"合并到不同新文档"按钮，在弹出的对话框中选择"以域名学院作为新文档的文件名"，选择"文件位置"，单击"确定"按钮，如图5-11所示。这时在选择的文件路径下就会自动批量生成按学院名称命名的学生档案信息表，如图5-12所示。

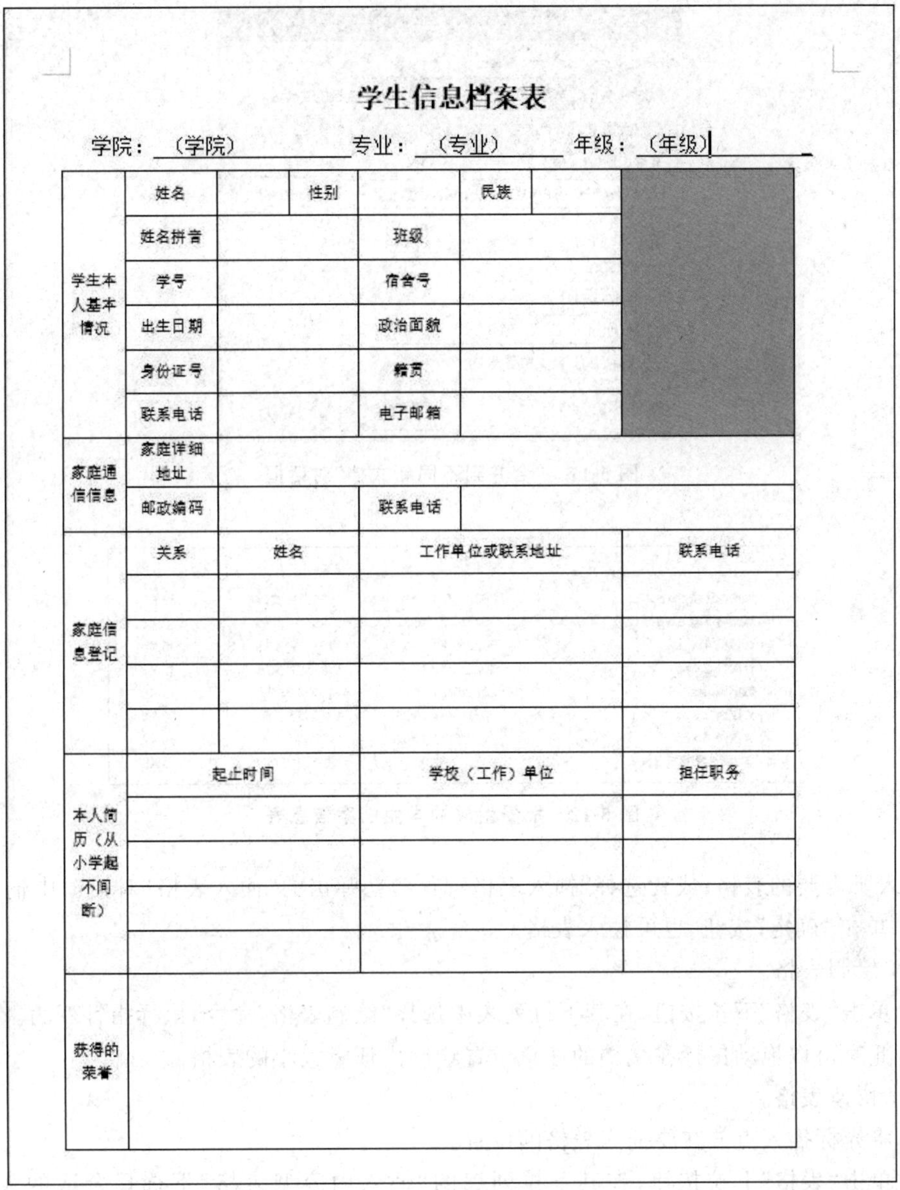

学生信息档案表

学院：____（学院）____ 专业：____（专业）____ 年级：____（年级）____

学生本人基本情况	姓名		性别		民族		
	姓名拼音			班级			
	学号			宿舍号			
	出生日期			政治面貌			
	身份证号			籍贯			
	联系电话			电子邮箱			
家庭通信信息	家庭详细地址						
	邮政编码			联系电话			
家庭信息登记	关系	姓名		工作单位或联系地址		联系电话	
本人简历（从小学起不间断）	起止时间		学校（工作）单位		担任职务		
获得的荣誉							

图 5-10 插入合并域后的效果

5. 任务总结

本任务通过对学生信息表的设计与制作，学习了在 WPS 文档中进行表格的操作。在 WPS 文档中使用表格的重点知识如下。

1）创建表格的方式

在"插入"选项卡的"表格"组中单击"表格"下拉按钮创建表格。

（1）插入表格。

① 将光标插入点放在要插入表格的位置。

② 单击"表格"下拉按钮，在其下拉列表中单击选择所需的行数和列数，即在光标插入

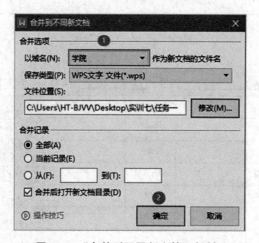

图 5-11 "合并到不同新文档"对话框

图 5-12 批量生成的学生档案信息表

点处插入所需要的表格；或者选择"插入表格"命令，在弹出的"插入表格"对话框中输入行数和列数，单击"确定"按钮，也可插入表格。

(2) 绘制表格。

① 单击"表格"下拉按钮，在其下拉列表中选择"绘制表格"命令，鼠标指针变为 ⌀ 形状。

② 此时可以拖动鼠标在文档的任意位置绘制出任意大小的表格。

(3) 快速表格。

① 将光标插入点放在要插入表格的位置。

② 单击"表格"下拉按钮，在其下拉列表的"插入内容型表格"下选择合适的表格，如图 5-13 所示，即在光标插入点处插入所需要的表格。

2) 合并与拆分单元格和表格

借助于合并和拆分功能，可以使表格变得不规则，以满足用户对复杂表格的设计需求。

(1) 合并单元格。在 WPS 文字中，合并单元格是指将矩形区域的多个单元格合并成一个较大的单元格，方法为选定要合并的单元格，然后使用下列方法进行操作。

① 切换到"表格工具"选项卡，单击"合并单元格"按钮。

② 右击选定的单元格，从弹出的快捷菜单中选择"合并单元格"命令。

(2) 拆分单元格。选定要拆分的单元格，切换到"表格工具"选项卡，单击"拆分单元格"按钮，打开"拆分单元格"对话框，如图 5-14 所示。在其中输入要拆分的行数和列数，然后单击"确定"按钮。

图 5-13 插入内容型表格

图 5-14 "拆分单元格"对话框

（3）拆分和合并表格。将插入点移至拆分后要成为新表格第 1 行的任意单元格，切换到"表格工具"选项卡，单击"拆分表格"按钮，在下拉菜单中选择"按行拆分"或"按列拆分"命令，可将 1 个表格拆分为 2 个表格。

3）设置单元格格式

表格的修饰与文字修饰基本相同，只是操作对象的选择方法不同而已。

（1）设置单元格内文本的对齐方式。

选定单元格或整个表格，切换到"表格工具"选项卡，单击"对齐方式"按钮，在下拉菜单中选择相应的命令，如图 5-15 所示。

（2）设置文字方向。

① 将插入点置于单元格中，或者选定要设置的多个单元格，切换到"表格工具"选项卡，在"字体"选项组中单击"文字方向"下拉按钮，在打开的"文字方向"下拉菜单中设置文字方向，如图 5-16 所示。

② 右击选定的表格对象，从弹出的快捷菜单中选择"文字方向"命令，在打开的"文字方向"对话框中设置文字方向即可。

4）设置单元格边距和间距

在 WPS 文字中，单元格边距是指单元格中的内容与边框之间的距离；单元格间距是指单元格和单元格之间的距离。选定整个表格，切换到"表格工具"选项卡，单击"表格属性"按钮，打开"表格属性"对话框，切换到"表格"选项卡，单击"选项"按钮，在打开的"表格选项"对话框中进行设置，如图 5-17 所示。

图 5-15 WPS 单元格内文本的对齐方式

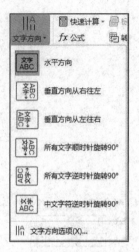

图 5-16 设置文字方向

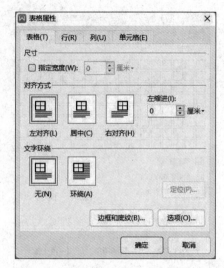

图 5-17 "表格属性"对话框

5）设置行高和列宽

调整行高和列宽的方法类似，下面以调整列宽为例说明操作方法。

（1）通过鼠标拖动调整。将鼠标指针移至两列中间的垂直线上，当指针变成形状时，按住鼠标左键在水平方向上拖动，当出现的垂直虚线到达新的位置后松开鼠标左键，列宽随之发生改变。

（2）手动指定行高和列宽值。选择要调整的行或列，切换到"表格工具"选项卡，在"表格属性"选项组中设置"高度"和"宽度"微调框的值。

（3）通过 WPS 文字自动调整功能调整。切换到"表格工具"选项卡，单击"自动调整"按钮，从下拉菜单中选择合适的命令，如图 5-18 所示。

另外，将多行的行高或多列的列宽设置为相同时，先选定要调整的多行或多列，然后切换到"表格工具"选项卡，单击"自动调整"按钮，从下拉菜单中选择"平均分布各行"或"平均分布各列"命令。

选取表格对象后，切换到"表格工具"选项卡，单击"表格属性"按钮，可以在打开的"表格属性"对话框中切换到"行"和"列"选项卡来设置选定对象的相关属性。

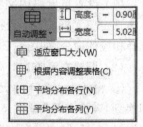

图 5-18 "自动调整"的下拉列表

6）设置表格的边框和底纹

设置表格边框的操作步骤如下。

（1）选定整个表格，切换到"表格样式"选项卡，单击"边框"按钮右侧的箭头按钮，从下拉菜单中选择适当的命令。

（2）如果要自定义边框，在步骤（1）的下拉菜单中选择"边框和底纹"命令，打开"边框和底纹"对话框。

（3）在打开的"边框和底纹"对话框中对"线型""颜色"和"宽度"等选项进行适当的设置，然后单击"确定"按钮。

可以给表格标题添加底纹，切换到"表格样式"选项卡，单击"底纹"按钮右侧的箭头按钮,从下拉菜单中选择所需的颜色。

任务 2　批量生成录取通知书

1. 任务情景

一年一度的学校开学季快来临了,校领导通知小芳为每位已录取的学生制作录取通知书,小芳于是打算利用邮件合并功能来批量生成已录取学生的录取通知书,如图 5-19 所示。

图 5-19　录取通知书模板

2. 任务描述

要批量生成录取通知书要进行的操作如下。

(1) 先将准备好的录取通知书模板在 WPS 中打开。

(2) 单击"引用"菜单选择邮件选项,切换到"邮件合并"菜单下。

(3) 打开数据源及录取通知书名单。

(4) 插入合并域,如果打开数据源则选择"数据库域",没有打开数据源则选择 WPS 提供的"地址域"。

(5) 合并文档。

3. 任务目标

（1）了解 WPS 中邮件合并功能。

（2）掌握通过邮件合并功能批量生成文档的方法。

4. 任务实施

1）打开"录取通知书模板"

首先启动 WPS，单击"打开"按钮，在弹出的"打开文件"对话框中选择准备好的"录取通知书模板"，单击"打开"按钮，模板如图 5-19 所示。

2）打开数据源

选择"引用"菜单，在工具栏中单击"邮件"按钮，切换到"邮件合并"菜单下，单击"打开数据源"下拉按钮，在弹出的下拉列表中选择"打开数据源"命令，如图 5-20 所示。

图 5-20　选择"打开数据源"

3）插图合并域

将鼠标定位到"同学"前面，单击"插入合并域"按钮，在打开的"插入域"对话框中选择"数据库域"，然后选择"姓名"，单击"插入"按钮，然后单击"关闭"按钮，如图 5-21 所示。按照同样的方法分别在"学院"和"专业"前分别插入"学院（系）"和"专业"域，插入完成后如图 5-22 所示。

图 5-21　"插入域"对话框

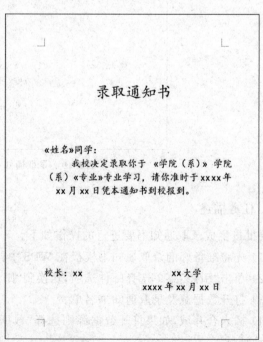

图 5-22　插入域后的效果

4)查看合并数据

单击"查看合并数据"按钮,然后单击"上一条"或"下一条"按钮即可查看插入域后的显示情况,如图 5-23 所示。

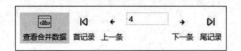

图 5-23　单击"查看合并数据"按钮

5)合并文档

最后单击"合并到新文档"按钮,如图 5-24 所示,在弹出的"合并到新文档"对话框中选择"全部"后单击"确定"按钮,如图 5-25 所示,即可批量生成录取通知书,如图 5-26 所示。

图 5-24　单击"合并到新文档"按钮

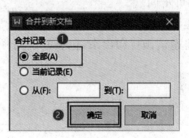

图 5-25　"合并到新文档"对话框

图 5-26　批量生成的录取通知书

5. 任务总结

通过批量生成录取通知书可以总结出邮件合并的基本步骤有 4 步。

(1)制作模板。

(2)打开数据源。

(3)插入合并域。

(4)合并文档。

任务3 扩展实训：制作批量生成展会邀请函

任务要求

学期快结束了，班里准备了一场精彩的晚会，需要制作邀请函，邀请全体授课老师参加晚会，模板文件与数据文件需要自行准备，要求如下。

(1) 完成邀请函模板设计。

(2) 邀请函内要体现出受邀老师姓名、晚会时间、晚会地点，每位老师需要附带上一句感谢语(不可雷同)。

(3) 邀请函上要有老师的生活照。

(4) 将邀请函打印出来，包装好送到每位老师手上。

项目 6

学籍信息表制作实训

WPS 表格是 WPS 办公组件中，兼容 Excel 的电子表格组件，其使用方法、函数及 VBA 编程，均可深度兼容 Excel，且拥有更符合中文用户使用习惯的部分特点。在 WPS 表格中制作表格是学习 WPS 表格使用的关键步骤，通过表格制作能够快速认识 WPS 表格的功能，学会如何在 WPS 表格中录入文本、字母、数字，并且通过单元格格式设置保证单元格内录入内容的正确性，有效提高工作效率，掌握一些 WPS 表格的使用技巧，提高办公软件的使用能力。

素材资料包

任务 1　录入学籍基本信息

1. 任务情景

新学期开学后，班主任王老师找到班长小张，要求小张制作一张学籍信息表来统计班上同学的学籍基本信息，要求信息录入要正确无误，如图 6-1 所示。王老师告诉小张，为了减少信息录入错误，可以使用数据有效性设置来限制向单元格中输入错误数据。小张通过学习工作簿创建和保存，数据录入和数据有效性设置方法后，顺利完成了王老师交给的任务。

	A	B	C	D	E	F	G
1	2021计算机1班学生学籍信息表						
2	序号	姓名	性别	身份证号	出生日期	专业	手机号
3	1	庚谷山	男	65313xxxxxxx66773	2001/10/6	计算应用技术	152xxxx4466
4	2	施雅瑄	男	42010xxxxxxx18815	2002/3/21	计算应用技术	182xxxx9225
5	3	孔丽	女	51032xxxxxxx70395	2002/2/7	计算应用技术	139xxxx3412
47	45	孔莺	女	34070xxxxxxx63808	2002/3/6	计算应用技术	158xxxx8196
48	46	钱英	女	22082xxxxxxx37320	2001/9/23	计算应用技术	182xxxx0171

图 6-1　学籍信息表

2. 任务描述

(1) 创建一个学生学籍信息登记表如图 6-1 所示，保存为"学籍信息表.xlsx"。

(2) 通过数据有效性验证设置学籍信息表的性别只能是男或女，身份证号的长度必须为18位。

(3) 正确录入学籍基本信息。

3. 任务目标

(1) 学会工作簿的创建和保存。

(2) 学会单元格序列填充和编辑。

(3) 学会数据有效性的设置。

(4) 学会正确录入各种数据。

4. 任务实施

1) 新建和保存工作簿

步骤1：单击"开始"菜单，打开 WPS Office 软件。

步骤2：在 WPS 首页中单击"新建"按钮，然后单击"新建表格"→"新建空白表格"按钮，如图 6-2 所示。

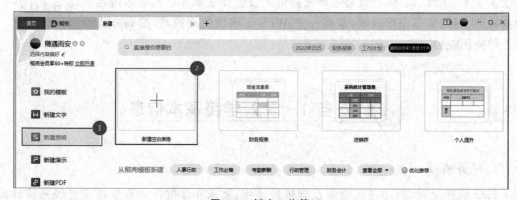

图 6-2　新建工作簿

步骤3：单击"文件"→"保存"命令，打开"另存文件"对话框。

步骤4：在"另存文件"对话框中选择保存路径为"WPS 网盘"，在"文件名"文本框中输入文件名"学籍信息表"，在"文件类型"下拉列表中选择 Microsoft Excel 文件(＊.xlsx)选项，单击"确定"按钮，如图 6-3 所示。

2) 输入学籍信息表标题

步骤1：选择 A1 单元格，输入"2021 计算机 1 班学生学籍信息表"，按 Enter 键。

步骤2：按步骤1的方法在 A2：H2 单元格区域中输入序号、姓名、性别、身份证号、出生日期、专业、民族、手机号。

3) 设置数据有效性验证

步骤1：选定单元格区域 C3：C48。

步骤2：在"数据"选项卡中，单击"有效性"按钮。

步骤3：在"数据有效性"对话框"设置"选项卡"允许"下拉列表中选择"序列"选项，在"来源"文本框中输入"男，女"，如图 6-4 所示，单击"确定"按钮。

步骤4：选定单元格区域 D3：D48。

步骤5：在"数据"选项卡中，单击"有效性"按钮。

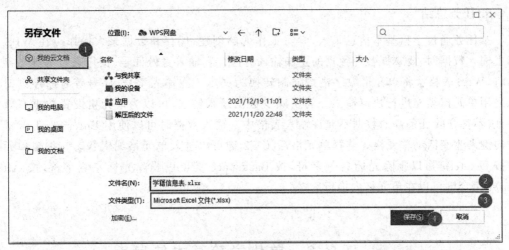

图 6-3 保存工作簿

步骤 6：在"数据有效性"对话框的"设置"选项卡的"允许"下拉列表中选择"文本长度"选项，在"数据"下拉列表中选择"等于"选项，在"数值"文本框中输入"18"，如图 6-5 所示，单击"确定"按钮。

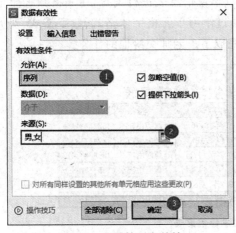

图 6-4 设置性别有效性

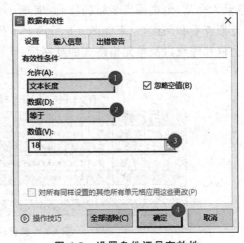

图 6-5 设置身份证号有效性

4）输入学籍信息数据

步骤 1：选择 A3 单元格，输入 1，按 Enter 键。

步骤 2：选择 A3 单元格，将光标移动到 A3 单元格右下角，当光标变成＋时，按住鼠标左键向下拖动到 A48 单元格。

步骤 3：在 B3:H3 单元格区域中依次输入庚谷山、男、653131××××××××6773、2001-10-06、计算应用技术、152×××4466。

步骤 4：选择 F3 单元格，将光标移动到 F3 单元格右下角，当光标变成＋时双击，将专业"计算机应用技术"填充到 F48 单元格。

步骤 5：参照"学籍信息素材.xlsx"文件中的内容，将其余学生信息输入学籍信息表中。

5. 任务总结

本任务通过学籍基本信息录入,学习工作簿的创建、保存和数据录入操作。在 WPS 表格中输入数据时,要掌握各种数据的正确输入方法。在输入身份证号、银行账号等纯数字文本时,WPS 表格会将单元格数字格式强制转换为文本。在输入学号、序号等有序序列时可以采用单元格填充进行快速输入。为了减少数据录入错误,可以为单元格设置数据有效性验证,不符合验证条件的数据不允许输入表格中。输入数据时可以使用 Enter 键、Tab 键和方向键来改变活动单元格。选择单元格后按 F2 键可以进入单元格编辑状态。编辑单元格时按 Delete 键可以删除光标右侧字符,按 Backspace 键可以删除光标左侧字符,按 Alt+Enter 组合键可以在单元格内换行。

任务2　美化学籍基本信息表

1. 任务情景

小张将制作完成的学籍基本信息表交给王老师,王老师查看后表示小张做得不错,数据信息录入完整,但也提出了新的问题,要求小张对学籍信息表进行美化,使表格数据整洁美观,方便查看和阅读,结果如图 6-6 所示。小张通过学习单元格字体格式、数字格式、对齐方式、边框和底纹以及单元格格式的复制后,顺利完成了王老师交给他的任务。

图 6-6　美化后的学籍信息表

2. 任务描述

按下列要求完成对学籍信息表的美化,美化结果如图 6-6 所示。

(1) 将学籍信息表 A1:G1 单元格区域合并,合并后单元格中的内容居中显示。

(2) 设置 E3:E48 单元格为长日期格式。

(3) 设置第 1 行行高为 30 磅,其余各行的行高为 20 磅,调整各列列宽为最合适的列宽。

(4) 设置 A1 单元格字体为黑体,字号为 22 磅,字形为粗体,字体颜色为"标准色-蓝色"。

(5) 设置 A2:G48 单元格区域的字号为 12 磅,边框为所有框线,单元格对齐方式为水平居中对齐。

(6) 设置 A2:G2 单元格区域的填充色为"浅绿,着色 6,浅色 40%"。

(7) 复制 A2:G3 单元格区域的单元格格式,粘贴到 A4:G48 单元格区域。

3. 任务目标

(1) 学会设置单元格的合并操作。

(2) 学会调整行高和列宽。

(3) 学会设置单元格字体,字号,字体颜色、边框、填充颜色和对齐方式。

(4) 学会应用格式刷复制单元格格式。

4. 任务实施

1) 合并标题

步骤 1:选择学籍信息表 A1:G1 单元格区域。

步骤 2:在"开始"选项卡中单击"合并居中"按钮。

2) 设置日期格式

步骤 1:选择 E3:E48 单元格区域。

步骤 2:单击"开始"选项卡中的"数字格式"下拉按钮,在弹出的下拉列表中选择"长日期"选项。

3) 调整行高和列宽

步骤 1:将光标移到第 1 行行号上,当光标变成 ↦ 时,右击,在弹出的快捷菜单中选择"行高"命令,在打开的"行高"对话框中输入数值"30",单击"确定"按钮。

步骤 2:将光标移到第 2 行行号上,当光标变成 ↦ 时,按下鼠标左键拖动至第 48 行的行号选择第 2 至第 48 行,右击,在弹出的快捷菜单中选择"行高"命令,在打开的"行高"对话框中输入数值"20",单击"确定"按钮。

步骤 3:将光标移到 A 列列标上,当光标变成 ↧ 时,按下鼠标左键拖动至 G 列列标,选择 A 至 G 列,右击,在弹出的快捷菜单中选择"最适合的列宽"命令。

4) 设置字体格式

步骤 1:选择 A1 单元格。

步骤 2:在"开始"选项卡"字号"下拉列表中选择"12"命令。

步骤 4:在"开始"选项卡中单击"粗体"按钮。

步骤 5:在"开始"选项卡中单击"字体颜色"按钮,在"标准色"中选择"蓝色",如图 6-7 所示。

5) 设置边框和对齐方式

步骤 1:选择 A2:G48 单元格区域。

步骤 2:在"开始"选项卡"字体"下拉列表中选择"黑体"命令。

步骤 3:在"开始"选项卡"字号"下拉列表中选择"12"命令。

步骤 4:在"开始"选项卡中单击"边框"下拉按钮,在弹出的下拉列表中选择"所有框线"命令。

步骤 5:在"开始"选项卡中单击"水平居中"按钮。

6) 设置填充颜色

步骤 1:选择 A2:G2 单元格区域。

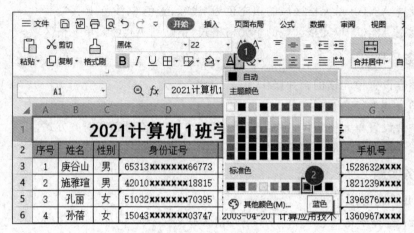

图 6-7 设置字体颜色

步骤 2：在"开始"选项卡中单击"填充颜色"按钮，在"主题色"中选择"浅绿，着色 6，浅色 40%"。

7）复制单元格格式

步骤 1：选择 A2:G3 单元格区域。

步骤 2：在"开始"选项卡中单击"格式刷"按钮。

步骤 3：光标变成后，拖动鼠标选择 A4:G48 单元格区域。

5. 任务总结

本任务通过美化学籍基本信息表，学习工作表的美化和单元格格式的设置。在单元格中，相同的值可以根据不同的单元格数字格式显示出不同的格式。例如日期值在常规格式下将显示为一个整数。在对单元格进行格式化时，可以套用预定义的表格格式和单元格样式对单元格进行快速格式化。可以对单元格设置条件格式，当预设的条件满足时，显示对应设置的格式，以突出显示满足条件的单元格。

任务 3　打印学籍信息表

1. 任务情景

小张将美化后的学籍信息表交给王老师，王老师查看后表示非常满意，要求小张用 A4 纸打印一份纸质文档上交，如图 6-8 所示。小张通过学习打印标题、打印纸张、页面边距、页眉页脚等打印参数设置方法后，顺利完成了王老师交给他的任务。

2. 任务描述

根据下列要求打印学籍信息表，打印效果如图 6-8 所示。

（1）设置学籍信息表打印标题，使其打印时每页打印第 2 行中的标题。

（2）设置学籍信息表页脚为"第 1 页，共 ? 页"。

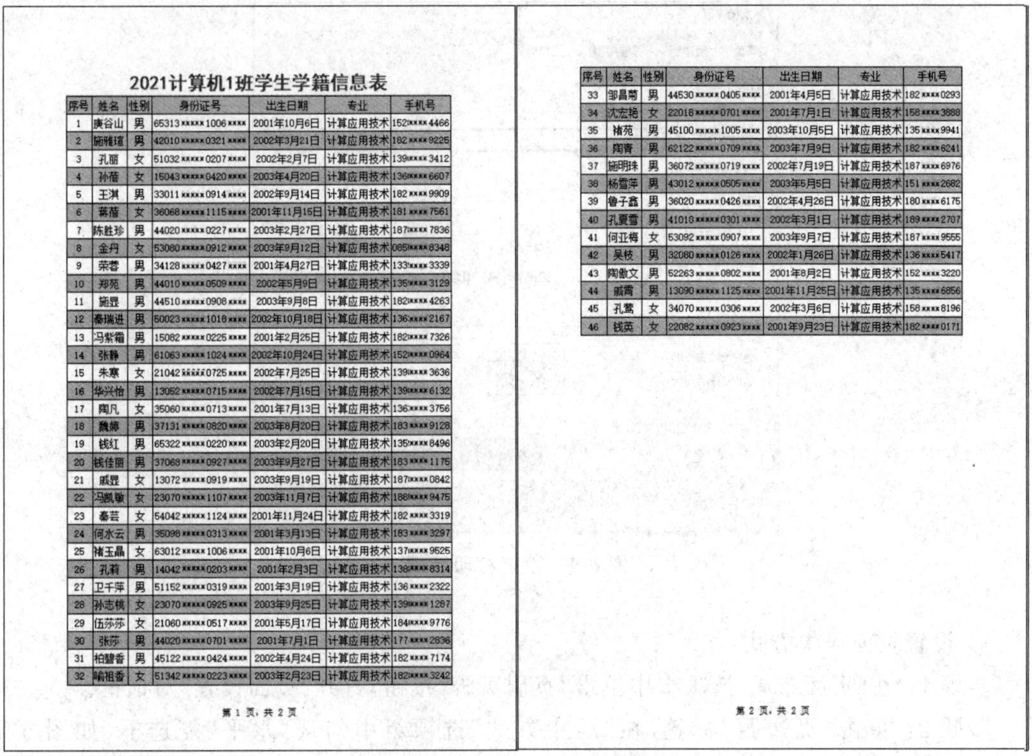

2021计算机1班学生学籍信息表

序号	姓名	性别	身份证号	出生日期	专业	手机号
1	庾谷山	男	65313xxxxx1006xxxx	2001年10月6日	计算应用技术	152xxxx4466
2	施雅瑾	男	42010xxxxx0321xxxx	2002年3月21日	计算应用技术	182xxxx9225
3	孔丽	女	51032xxxxx0207xxxx	2002年2月7日	计算应用技术	139xxxx3412
4	孙蓓	女	15043xxxxx0420xxxx	2003年4月20日	计算应用技术	136xxxx6607
5	王淇	男	33011xxxxx0914xxxx	2002年9月14日	计算应用技术	182xxxx9909
6	蒋蓓	女	36068xxxxx1115xxxx	2001年11月15日	计算应用技术	181xxxx7561
7	陈胜珍	男	44020xxxxx0227xxxx	2003年2月27日	计算应用技术	187xxxx7836
8	金丹	女	53080xxxxx0912xxxx	2003年9月12日	计算应用技术	085xxxx8348
9	荣蓉	男	34128xxxxx0427xxxx	2001年4月27日	计算应用技术	133xxxx3339
10	郑苑	男	44010xxxxx0509xxxx	2002年5月9日	计算应用技术	135xxxx3129
11	施昱	男	44510xxxxx0908xxxx	2003年9月8日	计算应用技术	182xxxx4263
12	秦瑞进	男	50023xxxxx1018xxxx	2002年10月18日	计算应用技术	136xxxx2167
13	冯紫霜	男	15082xxxxx0225xxxx	2001年2月25日	计算应用技术	182xxxx7326
14	张静	男	61063xxxxx1024xxxx	2002年10月24日	计算应用技术	152xxxx0964
15	朱寒	女	21042xxxxx0725xxxx	2002年7月25日	计算应用技术	139xxxx3636
16	华兴怡	男	13052xxxxx0715xxxx	2002年7月15日	计算应用技术	139xxxx6132
17	陶凡	女	35060xxxxx0713xxxx	2001年7月13日	计算应用技术	136xxxx3756
18	魏婷	男	37131xxxxx0820xxxx	2003年8月20日	计算应用技术	183xxxx9128
19	钱红	男	65322xxxxx0220xxxx	2003年2月20日	计算应用技术	135xxxx8496
20	钱佳丽	男	37068xxxxx0927xxxx	2003年9月27日	计算应用技术	183xxxx1175
21	戚昱	女	13072xxxxx0919xxxx	2003年9月19日	计算应用技术	187xxxx0842
22	冯凯敏	女	23070xxxxx1107xxxx	2003年11月7日	计算应用技术	188xxxx9475
23	秦芸	女	54042xxxxx1124xxxx	2001年11月24日	计算应用技术	182xxxx3319
24	何水云	男	35098xxxxx0313xxxx	2001年3月13日	计算应用技术	183xxxx3297
25	褚玉晶	女	63012xxxxx1006xxxx	2001年10月6日	计算应用技术	137xxxx9525
26	孔莉	男	14042xxxxx0203xxxx	2001年2月3日	计算应用技术	138xxxx8314
27	卫千萍	男	51152xxxxx0319xxxx	2001年3月19日	计算应用技术	136xxxx2322
28	孙志桃	女	23070xxxxx0925xxxx	2003年9月25日	计算应用技术	139xxxx1287
29	伍莎莎	女	21060xxxxx0517xxxx	2001年5月17日	计算应用技术	184xxxx9776
30	张莎	男	44020xxxxx0701xxxx	2001年7月1日	计算应用技术	177xxxx2836
31	柏碧香	男	45122xxxxx0424xxxx	2002年4月24日	计算应用技术	182xxxx7174
32	喻祖香	女	51342xxxxx0223xxxx	2003年2月23日	计算应用技术	182xxxx3242

第 1 页，共 2 页

序号	姓名	性别	身份证号	出生日期	专业	手机号
33	邹昌菊	男	44530xxxxx0405xxxx	2001年4月5日	计算应用技术	182xxxx0293
34	沈宏艳	女	22018xxxxx0701xxxx	2001年7月1日	计算应用技术	158xxxx3888
35	褚苑	男	45100xxxxx1005xxxx	2003年10月5日	计算应用技术	135xxxx9941
36	陶青	男	62122xxxxx0709xxxx	2003年7月9日	计算应用技术	182xxxx6241
37	施明珠	男	36072xxxxx0719xxxx	2002年7月19日	计算应用技术	187xxxx6976
38	杨雪萍	男	43012xxxxx0505xxxx	2003年5月5日	计算应用技术	151xxxx2682
39	鲁子鑫	男	36020xxxxx0426xxxx	2002年4月26日	计算应用技术	180xxxx6175
40	孔夏雪	男	41018xxxxx0301xxxx	2002年3月1日	计算应用技术	189xxxx2707
41	何亚梅	女	53092xxxxx0907xxxx	2003年9月7日	计算应用技术	187xxxx9555
42	吴枝	男	32080xxxxx0126xxxx	2002年1月26日	计算应用技术	136xxxx5417
43	陶傲文	男	52263xxxxx0802xxxx	2001年8月2日	计算应用技术	152xxxx3220
44	戚青	男	13090xxxxx1125xxxx	2001年11月25日	计算应用技术	135xxxx6856
45	孔莺	女	34070xxxxx0306xxxx	2002年3月6日	计算应用技术	158xxxx8196
46	钱英	女	22082xxxxx0923xxxx	2001年9月23日	计算应用技术	182xxxx0171

第 2 页，共 2 页

图 6-8　学籍信息表打印效果

（3）设置页面居中方式为水平居中。

（4）通过打印预览功能预览打印效果、调整页边距和列宽。

3. 任务目标

（1）学会设置重复打印表格标题行。

（2）能够正确设置页眉和页脚。

（3）能够正确设置页面纸张、边距、页面对齐方式。

（4）能够正确使用打印预览功能预览打印效果并进行微调。

4. 任务实施

1）设置打印标题

步骤 1：在“页面布局”选项卡中单击“打印标题”按钮。

步骤 2：在“页面设置”对话框的“工作表”选项卡中单击“顶端标题行”文本框，用鼠标选择表格的第 2 行，单击“确定”按钮，如图 6-9 所示。

2）设置页脚

步骤 1：在“页面布局”选项卡中单击“页眉页脚”按钮，打开“页面设置”对话框。

步骤 2：在“页眉/页脚”选项卡的“页脚”下拉列表中选择“第 1 页，共?页”，如图 6-10 所示。

图 6-9 设置打印标题

3）设置页面居中方式

步骤 1：在"页面布局"选项卡中单击"页眉页脚"按钮，打开"页面设置"对话框。

步骤 2：单击"页边距"标签，在"居中方式"选项组中勾选"水平"复选框，如图 6-11 所示。

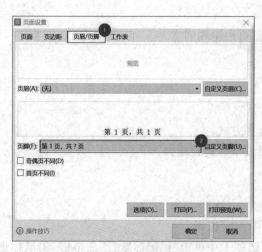

图 6-10 插入页脚

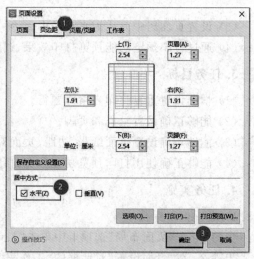

图 6-11 设置页面居中方式

4）打印预览和打印

步骤 1：单击"快速访问工具栏"中的"打印预览"按钮，进入"打印预览"窗口。

步骤 2：单击"页边距"按钮，显示页面边距线和列分隔线，如图 6-12 所示。

步骤 3：拖动页边距线和列分隔线可以调整页边距和列宽。

步骤 4：单击"上一页"或"下一页"按钮可以预览每一页的最终打印效果。

项目6 学籍信息表制作实训

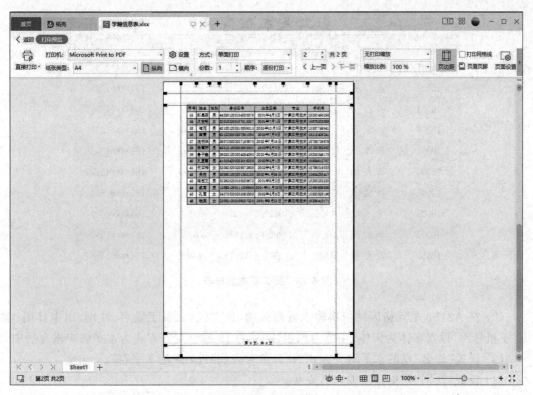

图 6-12　打印预览

步骤 5：在"份数"文本框中输入打印份数，单击"直接打印"按钮，即可按照当前的设置进行打印。

5. 任务总结

本任务通过学籍信息表的打印，学习工作表打印的相关设置。打印工作表时，在默认情况下使用 A4 纸纵向和默认的页边距进行打印，用户可以根据打印内容调整纸张大小、纸张方向、页边距、页面居中方式等页面属性。当工作表中有多个数据区域时，可以设置指定区域为打印区域。如需要在每个页面都打印标题，可以设置打印标题。每页的固定内容，如页码、公司标志等可以在页眉和页脚中进行设置。

 任务 4　拓展实训：制作和美化员工基本信息表

任务要求

根据下列要求制作和美化员工基本信息表，结果如图 6-13 所示。

（1）新建"员工基本信息表"工作簿，在 Sheet1 工作表中输入表格标题"员工基本信息表"，并设置其在 A1:F1 单元格区域合并居中，字体格式为华文新魏、字号为 24 磅、垂直对齐方式为靠底端对齐。

员工基本信息表

员工代码	员工姓名	性别	出生日期	学历	手机号码
10001	王语嫣	女	1982年1月5日	本科	137××××1234
10002	苏荃	女	1975年12月3日	初中	137××××1235
10003	石破天	男	1978年9月2日	本科	138××××1236
10004	陆无双	女	1988年4月7日	研究生	159××××1237
10005	黄钟公	男	1992年5月8日	高中	199××××1258
10006	穆人清	男	1983年5月6日	大专	188××××4589
10007	袁紫衣	女	1994年2月3日	本科	131××××1234
10008	韦一笑	男	1982年5月12日	研究生	158××××4569
10009	李沅芷	女	1990年3月18日	本科	182××××1586
10010	霍青桐	女	1992年6月21日	高中	188××××1456

图 6-13　员工基本信息表

（2）在 A2:F2 单元格区域依次输入各列标题，员工代码、员工姓名、性别、出生日期、学历、手机号码，设置字体为宋体，字形为加粗，字号为 12 磅。对齐方式为水平居中垂直居中。

（3）设置"姓名"列的水平对齐方式为"分散对齐（缩进）-缩进 1 字符"。

（4）设置"性别"列中只能输入男或女。

（5）设置"出生日期"列中只能输入 1950—1995 年的日期，单元格数字格式为短日期。

（6）设置"学历"列中只能输入研究生、本科、大专、中专、高中或初中。

（7）设置"手机号码"只能输入以 1 开头的 11 位数字。

（8）设置第 1 行的行高为 50 磅，其余行的行高为 25 磅。

（9）输入各行数据，调整各列列宽。

（10）为表格数据区域套用表格样式"中色系-表格样式中等深浅 4"。

（11）为 A3:F12 单元格区域设置条件格式使学历为"研究生"的行中单元格字体颜色为红色（标准色）。（提示：选择 A3:F12 单元格区域后，使用公式确定要设置格式的单元格，在公式编辑框中输入公式"＝＄E3＝"研究生""。）

项目 7

公式与函数应用实训

公式和函数是 WPS 表格的重要功能之一,可以通过公式和函数的运用对表格中的数据实现整理、查看、计算,从而快速查阅数据、处理数据。本项目将通过对统计分析学生成绩、分析图书销售数据等案例的讲解,能够快速实现对函数结构的掌握和函数的使用。

素材资料包

任务 1　统计分析学生成绩

1. 任务情景

期末考试结束了,班主任王老师找到班长小张,要求小张根据全班同学本学期各门课程的期末考试成绩,统计分析全班同学的总分、平均分、名次和奖学金等级,还要统计各门课程的最高分、最低分、平均分和各分数段的人数。王老师还告诉小张,使用公式和函数可以快速完成上述统计工作。小张通过学习公式和函数知识,顺利完成了王老师交给他的任务,结果如图 7-1 所示("统计分析学生成绩"在"素材库\项目 7\"文件夹下)。

2. 任务描述

根据学生成绩表中的数据,完成下列操作,结果如图 7-1 所示。

(1) 计算每位同学的总分和平均分。

(2) 根据总分计算学生的名次。

(3) 根据名次计算学生的奖学金,一等奖 1 名,二等奖 2 名,三等奖 3 名。

(4) 计算各门课程的最高分、最低分、平均分。

(5) 统计各门课程各分数段的人数。

3. 任务目标

(1) 学会常用函数 SUM、AVERAGE、COUNT、MAX 和 MIN 的应用。

(2) 学会排名函数 RANK.EQ 的应用。

(3) 学会单条件判断函数 IF 和多条件判断函数 IFS 的应用。

(4) 学会单条件计数函数 COUNTIF 和多条件计数函数 COUNTIFS 的应用。

	A	B	C	D	E	F	G	H	I	J	K
1	序号	姓名	高等数学	大学英语	计算机基础	编程基础	体育	总分	平均分	名次	奖学金
36	35	王淇	82	77	85	82	83	409	81.80	15	
37	36	卫千萍	77	63	94	84	58	376	75.20	31	
38	37	魏婷	91	86	96	86	82	441	88.20	5	三等奖
39	38	吴枝	61	85	88	98	57	389	77.80	25	
40	39	伍莎莎	90	89	86	85	98	448	89.60	2	二等奖
41	40	杨雪萍	84	81	74	82	58	379	75.80	30	
42	41	喻祖香	90	83	66	53	71	363	72.60	35	
43	42	张静	43	75	47	68	83	316	63.20	44	
44	43	张莎	61	85	88	98	57	389	77.80	25	
45	44	郑苑	86	88	55	94	96	419	83.80	10	
46	45	朱寒	88	73	81	72	78	392	78.40	23	
47	46	邹昌菊	84	69	70	84	82	389	77.80	25	
48											
49		项目	高等数学	大学英语	计算机基础	编程基础	体育				
50		最高分	99	97	97	98	98				
51		最低分	14	23	47	39	44				
52		平均分	76.37	78.26	78.43	75.46	76.67				
53		90-100	14	6	9	5	7				
54		80-89	11	20	20	16	17				
55		70-79	6	12	6	11	8				
56		60-69	6	3	4	7	5				
57		0-59	9	5	7	7	9				

图 7-1 成绩统计结果

4. 任务实施

1) 使用快捷键计算总分

第 1 步：选择 C2:G2 单元格区域。

第 2 步：按 Alt＋＝组合键，WPS 表格自动在 H2 单元格中输入公式"＝SUM(C2:G2)"。

第 3 步：选择 H2 单元格，将光标移动到 H2 单元格右下角，当光标变成＋时，双击，自动填充公式至 H47 单元格。

2) 使用求和按钮计算平均分

第 1 步：选定存放平均分结果的单元格 I2。

第 2 步：在"开始"选项卡中单击"求和"下拉按钮，在弹出的下拉列表中选择"平均值"命令，这时 I2 单元格中出现公式"＝AVERAGE(C2:H2)"，如图 7-2 所示。

第 3 步：由于自动显示的公式包含了总分单元格 H2，所以需要重新选择正确的计算区域 C2:G2，按 Enter 键。

第 4 步：选择 I2 单元格，将光标移动到 I2 单元格右下角，当光标变成＋时，双击，自动填充公式至 I47 单元格。

第 5 步：参照第 1 步至第 4 步，计算各科最高分、最低分和平均分，填入 C50:G52 单元格区域。

3) 使用查找函数功能计算名次

第 1 步：选定要插入函数的单元格 J2，单击"编辑栏"上的"插入函数"按钮 f_x。

第 2 步：在"插入函数"对话框的"查找函数"文本框中输入"排名"，"选择函数"列表中会显示与计算排名相关的函数，在列表中选择 RANK.EQ 函数，列表下方会显示该函数的语

项目7 公式与函数应用实训 071

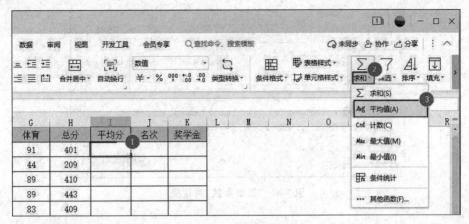

图 7-2 求平均值

法和说明,单击"确定"按钮,如图 7-3 所示。

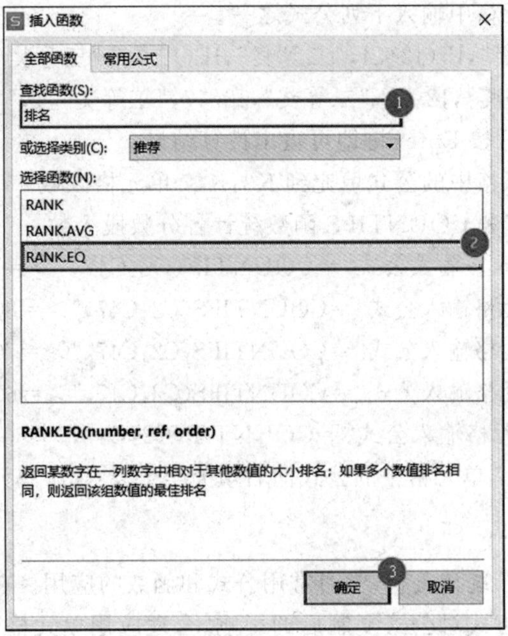

图 7-3 查找函数

第 3 步:在 RANK.EQ"函数参数"对话框中,将光标定位在"数值"参数框中,用鼠标选择需要计算其名次的单元格 H2。将光标定位在"引用"参数框中,用鼠标选择计算名次的比较数据区域 H2:H47,按 F4 键使单元格引用变成绝对引用 $H$2:$H$47。由于总分最高的学生名次为 1,即按总分降序计算名次,所以"排位方式"参数可以为 0 或省略。如图 7-4 所示,单击"确定"按钮。

第 4 步:将 J2 单元格中的公式填充到 J3:J47 单元格区域。

4)使用 IF 或 IFS 函数计算奖学金

根据名次计算学生的奖学金,一等奖 1 名,二等奖 2 名,三等奖 3 名,由此可以推出名次

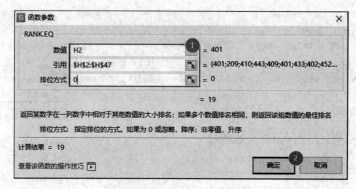

图 7-4 "函数参数"对话框

为 1(小于 2)的,奖学金为一等奖;名次为 2 和 3(小于 4)的,奖学金为二等奖;名次为 4~6(小于 7)的,奖学金为三等奖;其余名次的奖学金为空。

用 IF 或 IFS 函数计算奖学金的操作步骤如下。

第 1 步:在 K2 单元格中输入下列公式之一。

=IF(J2<2,"一等奖",IF(J2<4,"二等奖",IF(J2<7,"三等奖","")))

=IFS(J2<2,"一等奖",J2<4,"二等奖",J2<7,"三等奖",1,"")

第 2 步:输入公式后按 Enter 键即可得出计算结果。

第 3 步:将 K2 单元格中的公式填充到 K3:K47 单元格区域。

5) 使用 COUNTIF 和 COUNTIFS 函数统计各分数段人数

第 1 步:在 C53 单元格输入公式"=COUNTIF(C2:C47,">=90")"。

第 2 步:在 C54 单元格输入公式"=COUNTIFS(C2:C47,">=80",C2:C47,"<90")"。

第 3 步:在 C55 单元格输入公式"=COUNTIFS(C2:C47,">=70",C2:C47,"<80")"。

第 4 步:在 C56 单元格输入公式"=COUNTIFS(C2:C47,">=60",C2:C47,"<70")"。

第 5 步:在 C57 单元格输入公式"=COUNTIF(C2:C47,"<60")"。

第 6 步:将 C53:C57 单元格中的公式向右填充至 D53:G57 单元格区域。

5. 任务总结

本任务通过学生成绩统计分析,学习常用公式和函数的应用。在表格中使用公式时,应掌握不同的单元格引用方式对公式复制后的影响,合理应用单元格引用方式和公式填充功能可以大大提高工作效率,通常只需要编辑计算第一个值的公式,然后填充到相邻的单元格区域即可。

在单元格中输入公式前,要确保单元格数字格式不能为文本格式,并且以英文等号(=)开头,否则公式无法计算。在公式中使用函数时 WPS 表格会根据用户输入的内容实时显示函数列表,按键盘上的上、下方向键可以选择需要的函数,选择后按 Enter 键输入函数。如果要直观地编辑函数,可以使用查找函数和函数参数对话框,这样不仅可以快速查找到需要的函数,还可以实时查看各参数的使用说明、参数值及公式的计算结果,方便实时发现和更正公式中的错误。

当单元格中的公式已确定不再需要显示公式,或都需要把公式结果应用到其他单元格时,可以复制公式所在单元格,然后进行选择性粘贴值的方式来将公式转换为值。

任务 2 统计分析图书销售数据

1. 任务情景

小张利用假期在学校附近的图书连锁书店兼职做文员,经理给小张一份图书销售数据,要求小张完成统计报告工作表中的统计数据计算。小张经过分析,发现可以使用之前学习的 VLOOKUP 函数查找图书单价,然后使用条件求和函数 SUMIF 和多条件求和函数 SUMIFS 来完成计算,结果如图 7-5 和图 7-6 所示。

图书编号	图书名称	单价	销量(本)	小计
BOOK-859026	《Access数据库程序设计》	¥41.00	2	¥82.00
BOOK-859037	《软件工程》	¥43.00	7	¥301.00
BOOK-859030	《数据测试技术》	¥41.00	39	¥1 599.00
BOOK-859031	《软件测试技术》	¥36.00	19	¥684.00
BOOK-859035	《计算机组成与接口》	¥40.00	12	¥480.00
BOOK-859022	《计算机基础及Photoshop应用》	¥34.00	29	¥986.00
BOOK-859023	《C语言程序设计》	¥42.00	14	¥588.00
BOOK-859032	《信息安全技术》	¥39.00	11	¥429.00
BOOK-859036	《数据库原理》	¥37.00	37	¥1 369.00
BOOK-859024	《VB语言程序设计》	¥38.00	24	¥912.00

图 7-5 订单明细完成结果

统计报告	
统计项目	销售额
所有订单的总销售金额	¥500,129.00
三人行书店的总销售额	¥148,767.00
《信息安全技术》图书在2019年的总销售额	¥14,391.00

图 7-6 统计报告完成结果

2. 任务描述

根据图书销售明细数据完成如下统计计算,结果如图 7-5 和图 7-6 所示。

(1) 根据"订单明细"工作表中的"图书编号",使用 VLOOKUP 函数在"编号对照"工作表中查找对应的"图书名称"和"单价",填入 E2:F635 单元格区域中。

(2) 在"订单明细"工作表的"小计"列中,计算每笔订单的销售额。

(3) 根据"订单明细"工作表中的销售数据,统计所有订单的总销售金额,并将其填写在"统计报告"工作表的 B3 单元格中。

(4) 根据"订单明细"工作表中的销售数据,统计三人行书店的总销售额,并将其填写在"统计报告"工作表的 B4 单元格中。

(5) 根据"订单明细"工作表中的销售数据,统计《信息安全技术》图书在 2019 年的总销售额,并将其填写在"统计报告"工作表的 B5 单元格中。

3. 任务目标

（1）学会查找函数 VLOOKUP 的应用方法。
（2）学会单条件求和函数 SUMIF 的应用方法。
（3）学会多条件求和函数 SUMIFS 的应用方法。

4. 任务实施

1）查找图书名称和单价

第 1 步：打开"素材库/项目 7/统计分析图书销售数据.xlsx"。

第 2 步：将光标定位在"订单明细"工作表的 E2 单元格，单击"编辑栏"上的"插入函数"按钮 fx，在"查找函数"文本框内输入"VLOOKUP"，然后在"选择函数"下选择 VLOOKUP 函数，单击下方"确定"按钮。

第 3 步：在 VLOOKUP"函数参数"对话框中，将光标定位在"查找值"参数框中，用鼠标选择需要查找其图书名称的图书编号所在单元格 D2。将光标定位在"数据表"参数框中，用鼠标选择查找区域"编号对照"工作表中的 A2:C19，按 F4 键使单元格引用变成绝对引用 \$A\$2:\$C\$19。在"列序数"参数框中输入待返回的值"图书名称"在数据表中的列序数 2。在"匹配条件"参数框中输入 0 表示精确匹配，如图 7-7 所示，单击"确定"按钮。最终单元格中的公式为：=VLOOKUP(D2,编号对照!\$A\$2:\$C\$19,2,0)。

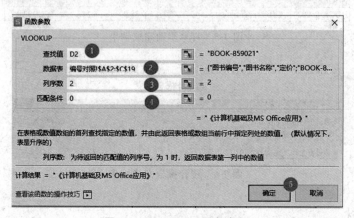

图 7-7 VLOOKUP 函数参数

第 4 步：参照第 3 步的方法在"订单明细"工作表的 F2 单元格中输入如下为：=VLOOKUP(D2,编号对照!\$A\$2:\$C\$19,3,0)。

第 5 步：将"订单明细"工作表 E2:F2 单元格区域中的公式填充至 E3:F635 单元格区域完成计算。

2）计算小计

第 1 步：在"订单明细"工作表 H2 单元格输入公式"=F2*G2"。

第 2 步：将"订单明细"工作表 H2 单元格中的公式填充至 H3:H635 单元格区域。

3）计算所有订单的总销售金额

第 1 步：选择"统计报告"工作表中的 B3 单元格。

第 2 步：在"开始"选项卡中单击"求和"按钮，这时 B3 单元格中出现公式"=SUM()"。

第 3 步：保持插入点定位在 SUM 函数的括号中，选择"订单明细"工作表中的 H2：H635 单元格区域，按 Enter 键。

4）计算三人行书店的总销售额

第 1 步：选择工作表"统计报告"B4 单元格。

第 2 步：输入"＝SUMIF()"，然后单击"编辑栏"上的"插入函数"按钮 *fx*。

第 3 步：在 SUMIF"函数参数"对话框中，将光标定位在"区域"参数框中，用鼠标选择图书名称所在单元格区域"订单明细"工作中的 C2：C635。在"条件"参数框中输入"三人行书店"，注意文本条件要包含在英文的双引号中。将光标定位在"求和区域"参数框中，用鼠标选择小计所在单元格区域"订单明细"工作中的 H2：H635，如图 7-8 所示，单击"确定"按钮。最终单元格中的公式为："＝SUMIF(订单明细表！C2：C635,"三人行书店",订单明细表！H2：H635)"。

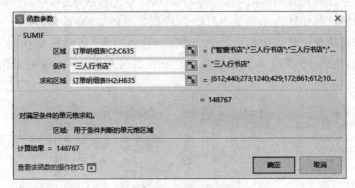

图 7-8　SUMIF 函数参数

5）计算《信息安全技术》图书在 2019 年的总销售额

第 1 步：选择工作表"统计报告"B5 单元格。

第 2 步：输入公式"＝SUMIFS(订单明细表！H2：H635,订单明细表！E2：E635,"《信息安全技术》",订单明细表！B2：B635,"＞＝2017-1-1",订单明细表！B2：B635,"＜2020-1-1")"。

5. 任务总结

本任务通过图书销售数据的统计和分析，学习 SUMIF、SUMIFS 和 VLOOKUP 函数的应用。当需要对区域中满足一个条件的数据进行求和时，使用单条件求和函数 SUMIF。当需要对区域中满足一个或多条件的数据进行求和时，使用多条件求和函数 SUMIFS。VLOOKUP 函数的功能是在查找区域的第一列查找满足条件的元素，确定待查找的值在区域中的行序号，再进一步返回指定列中单元格的值。如果需要在查找区域的第一行进行查找，则需要使用 HLOOKUP 函数。

任务 3　提取身份证号中的信息

1. 任务情景

小张利用假期在学校附近的图书连锁书店兼职做文员，经理给小张一份员工身份证号信息表和行政区划代码表,要求小张从身份证号中提取员工的出生日期、性别、年龄和退休日期,并根据身份证号中的行政区划代码,在行政区划代码表中查找对应的行政区划。小张经过分析,发现可以使用之前学习的日期函数、文本函数和 VLOOKUP 函数来完成计算。

2. 任务描述

在"提取身份证号中的信息"工作表中完成下列操作,结果如图 7-9 所示。

(1) 使用公式从身份证号中提取出生日期,填入 B2:B27 单元格区域中。身份证号的第 7~11 位代表出生日期。

(2) 使用公式从身份证号中提取性别,填入 C2:C27 单元格区域中。身份证号的第 17 位为偶数时,性别为女,否则为男。

(3) 根据出生日期计算当前的年龄填入 D2:D27 单元格区域中,年龄按周岁计算。

(4) 根据出生日期计算退休日期 E2:E27,性别为男的 60 岁退休,否则 55 岁退休。

(5) 使用公式从身份证号中提取行政区划代码,然后在"行政区划代码"工作表中查找对应的行政区划,填入 F2:F27 单元格区域中。身份证号的第 1~6 位表示出生地行政区划代码。

身份证号	出生日期	性别	年龄	退休日期	出生地行政区划
522401119770112**24	1977/1/12	女	45	2032/1/12	毕节市七星关区
522632199880206**11	1988/2/6	男	34	2048/2/6	黔东南苗族侗族自治州榕江县
522428199880809**12	1988/8/9	男	34	2048/8/9	毕节市赫章县
522130199770312**11	1977/3/12	男	45	2037/3/12	遵义市习水县
522422199880605**27	1988/6/5	女	34	2043/6/5	毕节市大方县
522229199880518**49	1988/5/18	女	34	2043/5/18	铜仁市松桃苗族自治县
522422199880423**18	1988/4/23	男	34	2048/4/23	毕节市大方县
522222199920306**11	1992/3/6	男	30	2052/3/6	铜仁市江口县

图 7-9 VLOOKUP 函数参数

3. 任务目标

(1) 学会日期函数 DATE、YEAR、MONTH、DAY、DATEDIF 的应用方法。

(2) 学会文字连接运算符"&"和文本函数 MID、LEFT 的应用方法。

(3) 学会信息函数 ISEVEN 的应用方法。

(4) 巩固复习 IF 函数和 VLOOKUP 函数的应用方法。

4. 任务实施

1) 根据身份证号计算出生日期

第 1 步:打开"素材库/项目 7/提取身份证号中的信息.xlsx"。

第 2 步:将光标定位在"提取身份证号中的信息"工作表的 B2 单元格,单击"编辑栏"上的"插入函数"按钮 fx,在"查找函数"文本框内输入"DATE",在"选择函数"下选择 DATE 函数,单击下方"确定"按钮。

第 3 步:如图 7-10 所示的"函数参数"对话框中,在"年"参数框中输入"MID(A2,7,4)","月"参数框中输入"MID(A2,11,2)","日"参数框中输入"MID(A2,13,2)",单击"确定"按钮。

2) 根据身份证号计算性别

第 1 步:打开"素材库/项目 7/提取身份证号中的信息.xlsx"。

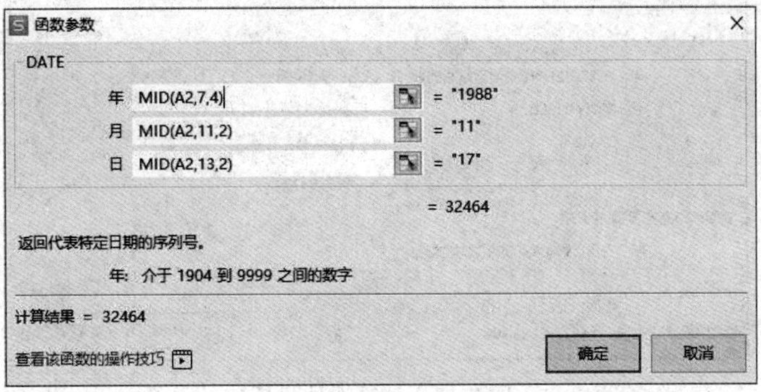

图 7-10 计算出生日期

第 2 步：在"提取身份证号中的信息"工作表的 C2 单元格中输入"＝IF()"，单击"编辑栏"上的"插入函数"按钮 fx。

第 3 步：在 IF"函数参数"对话框中的"测试条件"参数框中输入"ISEVEN(MID(A2,17,1))"，在"真值"参数框中输入"女"，单击"假值"参数框时"女"字两边会自动加上英文双引号；在"假值"参数框中输入"男"，单击"真值"参数框"男"字两边会自动加上英文双引号，单击"确定"按钮，如图 7-11 所示。

注：公式中 ISEVEN() 函数的功能是判断参数是否为偶数，是偶数返回 TRUE，否则返回 FALSE。

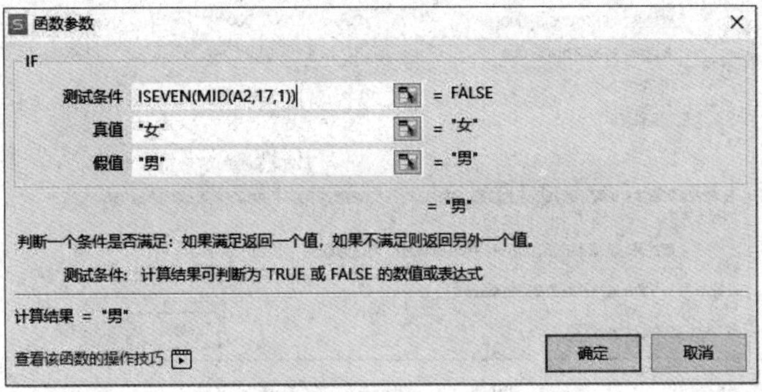

图 7-11 计算性别

3) 根据出生日期计算年龄

在"提取身份证号中的信息"工作表的 D2 单元格中输入公式为"＝DATEDIF(B2,TODAY(),"y")"。

注：公式中 TODAY 函数的功能是返回系统当前日期。

4) 根据出生日期计算退休日期

第 1 步：在"提取身份证号中的信息"工作表的 E2 单元格中输入"＝DATE()"，单击"编辑栏"上的"插入函数"按钮 fx。

第 2 步：在"函数参数"对话框中的"年"参数框中输入"YEAR(B2)＋IF(C2="男",60,55)"，在"月"参数框中输入"MONTH(B2)"，在"日"参数框中输入"DAY(B2)"，单击"确定"按钮，如图 7-12 所示。

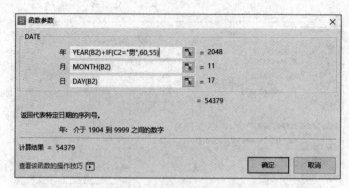

图 7-12 计算退休日期

5）查找行政区划

第1步：光标定位在"提取身份证号中的信息"工作表的 F2 单元格，单击"编辑栏"上的"插入函数"按钮 fx，在"查找函数"文本框内输入"IF"，在"选择函数"下选择 IF 函数，单击下方"确定"按钮。

第2步：在 VLOOKUP 的"函数参数"对话框中的"查找值"参数框中输入"LEFT(A2, 6)&"000000""，在"数据表"参数框中输入"行政区划代码! A:B"，在"列序数"参数框中输入"2"，在"匹配条件"参数框中输入"0"，单击"确定"按钮，如图 7-13 所示。

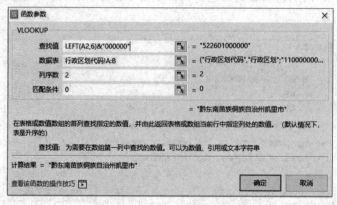

图 7-13 查找行政区划

6）填充公式

第1步：选择"提取身份证号中的信息"工作表的 B2:F2 单元格区域。

第2步：填充公式到 B27:F27 单元格区域。

5. 任务总结

该任务通过提取身份证号中的信息，学习日期函数 DATE、YEAR、MONTH、DAY、DATEDIF，文字连接运算符 & 和文本函数 MID、LEFT，信息函数 ISEVEN 的应用。巩固复习 IF 函数和 VLOOKUP 函数的应用方法。在对处理日期数据时，可以使用 DATE 函数来进行日期构造，使用 YEAR、MONTH、DAY 函数可以提取日期中的年、月、日。使用 DATEDIF 函数可以计算两个日期之间相差的整年数或整月数。使用信息函数可以判断单元格或数据中的信息，信息函数大多以 IS 开头。使用函数时通常需要把多个函数嵌套使用才能发挥更大的作用。

任务4 拓展实训：统计员工工资

任务要求

在"统计员工工资"（在"素材库/项目7/"文件夹下）工作簿中完成下列操作，结果如图7-14所示。

图7-14 统计员工工资

（1）依据"基础工资对照表"中的信息，填写Sheet1工作表中"基础工资"列的内容（要求利用VLOOKUP函数）。

（2）计算"工资合计"列内容（要求利用SUM函数，数值型，保留小数点后0位）。

（3）计算工资合计范围和职称同时满足条件要求的员工人数置于K5:K7单元格区域（条件要求详见Sheet1工作表中的统计表1，要求利用COUNTIFS函数）。

（4）计算各部门员工岗位工资的平均值和工资合计的平均值分别置于J12:J15单元格区域和K12:K15单元格区域（见Sheet1工作表中的统计表2，要求利用AVERAGEIF函数，数值型，保留小数点后0位）。

项目 8

数据处理与图表应用实训

电子表格是人们常用的办公软件,是一类模拟纸上表格的计算机程序,可以显示由一系列行和列构成的网格,用于帮助用户制作各种复杂的表格文档,以及进行烦琐的数据计算。本项目以 WPS 电子表格为例,介绍数据的排序和筛选、数据的分类汇总和合并计算、创建数据透视表和透视图以及制作图表等内容。

素材资料包

任务 1 数据的排序和筛选

1. 任务情景

小李作为某公司的市场管理员,最近几天需要按照计划完成员工情况统计表的工作,对员工出勤情况进行统计,能够快速查阅相关数据,帮助总经理快速了解、分析员工的情况,原数据如图 8-1 所示(员工数据参见"素材库\项目 8\某公司数据管理与分析")。

	A	B	C	D	E	F	G	H	I
1	某公司员工出勤情况表								
2	序号	时间	姓名	部门	迟到次数	缺席天数	早退次数	请假次数	
3	10001	2022年6月	张三	第一大区	3	0	0	2	
4	10002	2022年6月	章紫	第一大区	2	7	3	0	
5	10003	2022年6月	玉兰	第一大区	0	0	3	0	
6	10004	2022年6月	王丹	第一大区	6	0	1	3	
7	10005	2022年6月	韩峰	第二大区	4	0	0	0	
8	10006	2022年6月	冯立	第二大区	0	0	0	1	
9	10007	2022年6月	石丹红	第二大区	0	0	2	1	
10	10008	2022年6月	田启尔	第二大区	0	0	0	7	
11	10009	2022年6月	杨燕	第三大区	1	4	0	4	
12	10010	2022年6月	王艳	第三大区	2	2	3	2	
13	10011	2022年6月	冯伟	第三大区	0	0	0	1	
14	10012	2022年6月	董波	第三大区	1	1	0	3	
15									

图 8-1 员工出勤汇总

2. 任务描述

根据商品销售数据与员工情况表,完成下列操作。

(1) 将部门迟到员工的次数按照倒序排练。

(2) 公司有关员工出勤考核的制度如下。

① 人事经理提醒：月迟到次数超过2次，或者缺席天数多于1天，或者有早退现象，或者请假超过5次。

② 总经理约谈：月迟到次数大于6次并且早退次数大于2次，或者缺席天数多于3天并且请假次数大于3次。

按照公司的规章制度，将员工月度出勤情况统计，并筛选出需要总经理约谈的员工，如图8-2所示。

迟到次数	缺席天数	早退次数	请假次数
>6		>2	
	>3		>3

序号	时间	姓名	部门	迟到次数	缺席天数	早退次数	请假次数
10009	2022年6月	杨燕	第三大区	1	4	0	4

图8-2 筛选出需要总经理约谈的员工

可以使用"高级筛选"对话框筛选出满足复杂条件的数据。

3. 任务目标

(1) 学会在WPS表格中对数据进行排序。

(2) 学会在WPS表格中对数据进行高级筛选。

4. 任务实施

1) 新建名称为"某公司数据管理与分析"的工作簿并保存

第1步：启动WPS Office后，单击"新建表格"→"新建空白文档"，系统将默认新建一个空白工作簿。

第2步：单击快速访问工具栏中的"保存"按钮，将以"某公司数据管理与分析.xlsx"为名的文件保存在"桌面"上。

2) 对"5月出勤考核表"的数据进行排序

第1步：在工作表"5月出勤考核表"中单击数据区域的任意单元格，然后切换到"数据"选项卡，单击"排序"按钮下侧的箭头按钮，在弹出的下拉菜单中选择"自定义排序"命令，打开"排序"对话框。

第2步：将"主要关键字"设置为"部门"，然后单击"添加条件"按钮，将"次要关键字"设置为"迟到次数"，如图8-3所示。单击"确定"按钮，完成排序。

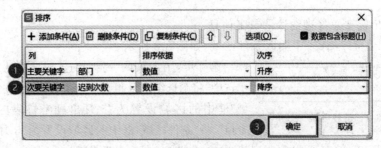

图8-3 "排序"对话框

3)筛选出需要人事经理提醒的员工信息

第1步:在A17:D21中输入条件区域,如图8-4所示。

第2步:将光标移至数据区域中,选中A2:H14的数据区域,切换到"开始"选项卡,单击"筛选"按钮下侧的箭头按钮,在弹出的下拉列表中选择"高级筛选"命令,打开"高级筛选"对话框,如图8-5所示。

迟到次数	缺席天数	早退次数	请假次数
>2			
	>1		
		>0	
			>5

图8-4 条件区域

第3步:在打开的"高级筛选"对话框的"方式"选项组中选中"将筛选结果复制到其它位置"单选按钮,将"列表区域"框中的区域设置为"5月出勤考核表!$A$2:$H$14",将"条件区域"框中的区域设置为"5月出勤考核表!$A$17:$D$21",接着设置"复制到"框中的区域为"5月出勤考核表!$A$23:$H$39",最后单击"确定"按钮,如图8-6所示。

图8-5 选择"高级筛选"命令

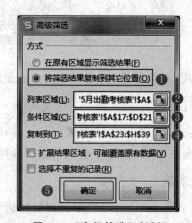

图8-6 "高级筛选"对话框

第4步:单击"确定"按钮,筛选出的结果如图8-7所示。

序号	时间	姓名	部门	迟到次数	缺席天数	早退次数	请假次数
10001	2022年6月	张三	第一大区	3	0	0	2
10002	2022年6月	章紫	第一大区	2	7	1	0
10003	2022年6月	玉兰	第一大区	0	0	3	0
10004	2022年6月	王丹	第一大区	6	0	1	3
10005	2022年6月	韩峰	第二大区	4	0	0	0
10007	2022年6月	石丹红	第二大区	0	0	2	1
10008	2022年6月	田启尔	第二大区	0	0	0	7
10009	2022年6月	杨燕	第三大区	1	3	0	0
10010	2022年6月	王艳	第三大区	2	2	3	2

图8-7 筛选结果

4)筛选出需要总经理约谈的员工信息

第1步:在J17:M21中输入条件区域,如图8-8所示。

迟到次数	缺席天数	早退次数	请假次数
>6		>2	
	>3		>4

图8-8 条件区域

第2步:在打开的"高级筛选"对话框的"方式"选项组中选中"将筛选结果复制到其它位置"单选按钮,将"列表区域"框中的区域设置为"5月出勤考核表!$A$2:$H$14",将"条件区域"框中的区域设置为"5月出勤考核表!$J$17:$M$19",接着设置"复制到"框中的区域为"5月出勤考核表!$J$23:$Q$39"。

第 3 步：单击"确定"按钮，筛选出总经理面谈的员工信息，如图 8-9 所示。

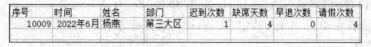

图 8-9　总经理面谈的员工信息

5. 任务总结

本任务通过对某公司 5 月考勤表的分析，学习了在 WPS 表格中进行数据排序和筛选。在 WPS 表格中使用排序和筛选的重点知识如下。

1）对数据进行排序

（1）按列简单排序。按列简单排序是指对选定的数据按照所选定数据的第 1 列数据作为排序关键字进行排序的方法，即单击待排序字段列包含数据的任意单元格，然后切换到"数据"选项卡，单击"排序"按钮下侧的箭头按钮，在弹出的下拉菜单中选择"升序"或"降序"命令。

（2）按行简单排序。按行简单排序是指对选定的数据按其中的一行作为排序关键字进行排序的方法，操作步骤如下。

第 1 步：打开要进行单行排序的工作表，单击数据区域中的任意单元格，切换到"数据"选项卡，单击"排序"的下拉按钮，在弹出的下拉菜单中选择"自定义排序"命令，打开"排序"对话框，如图 8-10 所示。

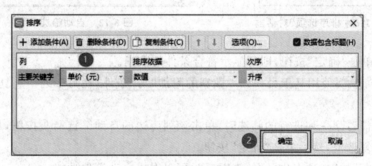

图 8-10　"排序"对话框

第 2 步：单击"选项"按钮，打开"排序选项"对话框，在"方向"选项组中选中"按行排序"单选按钮，如图 8-11 所示，单击"确定"按钮，返回"排序"对话框。

第 3 步：单击"主要关键字"的下拉按钮，在弹出的下拉列表中可以选择排序关键字的选项和"降序"选项，最后单击"确定"按钮就完成了排序设置。

（3）多关键字复杂排序。

多关键字复杂排序是指对选定的数据区域，按照 2 个以上的排序关键字按行或按列进行排序的方法。多关键字排序的操作步骤如下。

第 1 步：单击数据区域的任意单元格，切换到"数据"选项卡，单击"排序"按钮下侧的箭头按钮，在弹出的下拉菜单中选择"自定义排序"命令，打开"排序"对话框。

第 2 步：在"主要关键字"下拉列表中选择排序的首要条件，并将"排序依据"设置为"数值"，将"次序"设置为"降序"或"升序"。

第3步:单击"添加条件"按钮,在打开的对话框中添加次要条件,设置"次要关键字",将"排序依据"设置为"数值",将"次序"设置为"降序"或"升序"。

第4步:设置完毕后,单击"确定"按钮,即可看到排序后的结果。

2)自动筛选

自动筛选是指按单一条件进行数据筛选。操作步骤如下。

第1步:单击数据区域的任意单元格,切换到"开始"选项卡,单击"筛选"按钮,表格中的每个标题右侧将显示自动筛选箭头按钮。

第2步:根据需要单击字段名右侧的自动筛选箭头按钮,在弹出的下拉列表中选择需要的复选框,如图8-12所示。

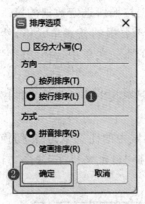

图 8-11 "排序选项"对话框

图 8-12 自动筛选

第3步:单击"确定"按钮,即可显示符合条件的数据。

第4步:如果要使用基于另一列中数据的附加"与"条件,在另一列中重复步骤(2)和步骤(3)即可。

当需要取消对某一列进行的筛选时,单击该列旁边的自动筛选箭头按钮,从下拉菜单中选中"(全选)"复选框,然后单击"确定"按钮。

再次单击"开始"选项卡中的"筛选"按钮,可以退出自动筛选功能。

任务2　数据的分类汇总和合并计算

1. 任务情景

某公司的总经理想知道公司第一季度手机的销售情况,小李作为公司的市场管理员,已经完成第一季度销售量的数据收集,如图8-13所示,为了更好地呈现手机的销售情况,准备将收集到的数据进行汇总处理,以便能够更加清晰明了地展现出各月份、各品牌手机的销售情况。

2. 任务描述

根据商品销售数据与员工情况表,完成下列操作。

	A	B	C	D	E	F	G
1	部门	产品名称	月份	单价（元）	销量（台）	销售金额	
2	第2大区	MateBHook X Pro	2月份	¥9,499.00	95	¥902,405.00	
3	第2大区	MateBHook X Pro	3月份	¥9,499.00	83	¥788,417.00	
4	第3大区	MateBHook X Pro	1月份	¥9,499.00	130	¥1,234,870.00	
5	第3大区	MateBHook X Pro	3月份	¥6,598.00	86	¥567,428.00	
6	第1大区	小米 11pro	1月份	¥6,598.00	60	¥395,880.00	
7	第1大区	小米 11pro	2月份	¥6,598.00	84	¥554,232.00	
8	第1大区	小米 11pro	3月份	¥6,598.00	97	¥640,006.00	
9	第3大区	小米 11pro	2月份	¥9,499.00	105	¥997,395.00	
10	第1大区	拯救者Y7000	1月份	¥6,999.00	115	¥804,885.00	
11	第1大区	拯救者Y7000	3月份	¥6,999.00	115	¥804,885.00	
12	第2大区	拯救者Y7000	1月份	¥6,999.00	130	¥909,870.00	
13	第3大区	拯救者Y7000	3月份	¥6,999.00	130	¥909,870.00	
14							
15							

图 8-13　第 1 季度手机销售情况汇总

（1）对"产品销量表"数据进行排序。
（2）对"产品销量表"数据进行分类汇总。
（3）对第 1 大区、第 2 大区、第 3 大区各个商品的销售数量和销售金额进行合并计算。

3．任务目标

（1）学会在 WPS 表格中对数据分类汇总。
（2）学会在 WPS 表格中对数据进行合并计算。

4．任务实施

（1）对"产品销量表"数据进行排序。

第 1 步：打开"某公司数据管理与分析.xlsx"文件，切换到"产品销售情况表"工作表，右击"产品销售情况表"标签，如图 8-14 所示，在弹出的快捷菜单中选择"创建副本"命令，建立其副本，将副本重命名为"分类汇总"，并将"分类汇总"工作表设置为当前工作表。

第 2 步：单击数据区域中任意一个单元格，切换到"开始"选项卡，单击"排序"下拉按钮，在打开的下拉列表中选择"自定义排序…"命令，如图 8-15 所示。

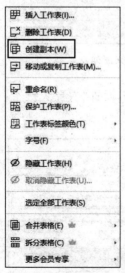

图 8-14　选择"创建副本"命令

图 8-15　选择"自定义排序"命令

第 3 步：弹出的"排序"对话框如图 8-16 所示，设置"主要关键字"为"部门"，排序依据为"数值"，设置次序为"自定义序列……"，弹出"自定义序列"对话框，在"输入序列"文本框中输入"第 1 大区，第 2 大区，第 3 大区"，单击"添加"按钮，如图 8-17 所示，单击"确定"按钮可以设置"部门"的排序方式。

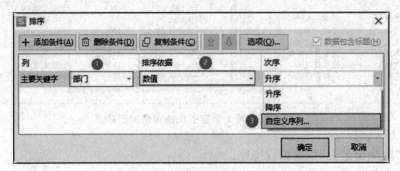

图 8-16　设置"主要关键字"

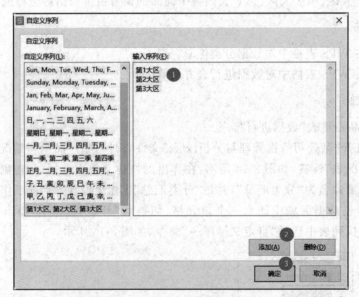

图 8-17　设置"部门"的自定义序列

第 4 步：在"排序"对话框中，单击"添加条件"按钮，设置"次要关键字"为"月份"，排序方式为"升序"，如图 8-18 所示。

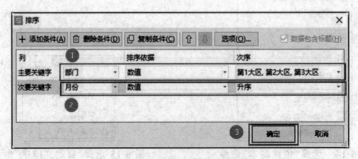

图 8-18　设置次要关键字的排序

第 5 步：单击"确定"按钮，排序结果如图 8-19 所示。

	A	B	C	D	E	F
1	部门	产品名称	月份	单价（元）	销量（台）	销售金额
2	第1大区	小米 11pro	1月份	¥6,598.00	60	¥395,880.00
3	第1大区	拯救者Y7000	1月份	¥6,999.00	115	¥804,885.00
4	第1大区	小米 11pro	2月份	¥6,598.00	84	¥554,232.00
5	第1大区	拯救者Y7000	3月份	¥6,999.00	115	¥804,885.00
6	第2大区	拯救者Y7000	1月份	¥6,999.00	130	¥909,870.00
7	第2大区	MateBHook X Pro	2月份	¥9,499.00	95	¥902,405.00
8	第2大区	小米 11pro	3月份	¥6,598.00	97	¥640,006.00
9	第2大区	MateBHook X Pro	3月份	¥9,499.00	83	¥788,417.00
10	第3大区	MateBHook X Pro	1月份	¥9,499.00	130	¥1,234,870.00
11	第3大区	小米 11pro	2月份	¥9,499.00	105	¥997,395.00
12	第3大区	MateBHook X Pro	3月份	¥6,598.00	86	¥567,428.00
13	第3大区	拯救者Y7000	3月份	¥6,999.00	130	¥909,870.00

图 8-19 排序结果

（2）对"产品销量表"数据进行分类汇总。

第 1 步：将光标置于数据区域中，选中 A1:F13 的数据区域，然后切换到"数据"选项卡，单击"分类汇总"按钮，打开"分类汇总"对话框。

第 2 步：将"分类字段"设置为"部门"，将"汇总方式"设置为"求和"，在"选定汇总项"列表中选择"销量（台）"和"销售金额"两项，如图 8-20 所示。单击"确定"按钮，完成按产品名称对产品的分类汇总，结果如图 8-21 所示。

第 3 步：选中数据区域，然后单击"分类汇总"按钮，再次打开"分类汇总"对话框。

第 4 步：将"分类字段"设置为"月份"，"汇总方式"设置为"求和"，"选定汇总项"列表保持按"部门"进行分类汇总时的选项，取消选中"替换当前分类汇总"复选框，然后单击"确定"按钮，完成分类汇总的嵌套操作。效果如图 8-22 所示。

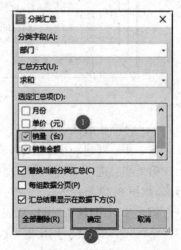

图 8-20 "分类汇总"对话框

		A	B	C	D	E	F
	1	部门	产品名称	月份	单价（元）	销量（台）	销售金额
	2	第1大区	小米 11pro	1月份	¥6,598.00	60	¥395,880.00
	3	第1大区	拯救者Y7000	1月份	¥6,999.00	115	¥804,885.00
	4	第1大区	小米 11pro	2月份	¥6,598.00	84	¥554,232.00
	5	第1大区	拯救者Y7000	3月份	¥6,999.00	115	¥804,885.00
	6	1大区 汇总				374	¥2,559,882.00
	7	第2大区	拯救者Y7000	1月份	¥6,999.00	130	¥909,870.00
	8	第2大区	MateBHook X Pro	2月份	¥9,499.00	95	¥902,405.00
	9	第2大区	小米 11pro	3月份	¥6,598.00	97	¥640,006.00
	10	第2大区	MateBHook X Pro	3月份	¥9,499.00	83	¥788,417.00
	11	2大区 汇总				405	¥3,240,698.00
	12	第3大区	MateBHook X Pro	1月份	¥9,499.00	130	¥1,234,870.00
	13	第3大区	小米 11pro	2月份	¥9,499.00	105	¥997,395.00
	14	第3大区	MateBHook X Pro	3月份	¥6,598.00	86	¥567,428.00
	15	第3大区	拯救者Y7000	3月份	¥6,999.00	130	¥909,870.00
	16	3大区 汇总				451	¥3,709,563.00
	17	总计				1230	¥9,510,143.00

图 8-21 按部门分类汇总后的结果

1 2 3 4		A	B	C	D	E	F
	1	部门	产品名称	月份	单价（元）	销量（台）	销售金额
	2	第1大区	小米 11pro	1月份	¥6,598.00	60	¥395,880.00
	3	第1大区	拯救者Y7000	1月份	¥6,999.00	115	¥804,885.00
	4			1月份 汇总		175	¥1,200,765.00
	5	第1大区	小米 11pro	2月份	¥6,598.00	84	¥554,232.00
	6			2月份 汇总		84	¥554,232.00
	7	第1大区	拯救者Y7000	3月份	¥6,999.00	115	¥804,885.00
	8			3月份 汇总		115	¥804,885.00
	9	1大区 汇总				374	¥2,559,882.00
	10	第2大区	拯救者Y7000	1月份	¥6,999.00	130	¥909,870.00
	11			1月份 汇总		130	¥909,870.00
	12	第2大区	MateBHook X Pro	2月份	¥9,499.00	95	¥902,405.00
	13			2月份 汇总		95	¥902,405.00
	14	第2大区	小米 11pro	3月份	¥6,598.00	97	¥640,006.00
	15	第2大区	MateBHook X Pro	3月份	¥9,499.00	83	¥788,417.00
	16			3月份 汇总		180	¥1,428,423.00
	17	2大区 汇总				405	¥3,240,698.00
	18	第3大区	MateBHook X Pro	1月份	¥9,499.00	130	¥1,234,870.00
	19			1月份 汇总		130	¥1,234,870.00
	20	第3大区	小米 11pro	2月份	¥9,499.00	105	¥997,395.00
	21			2月份 汇总		105	¥997,395.00
	22	第3大区	MateBHook X Pro	3月份	¥6,598.00	86	¥567,428.00
	23	第3大区	拯救者Y7000	3月份	¥6,999.00	130	¥909,870.00
	24			3月份 汇总		216	¥1,477,298.00
	25	3大区 汇总				451	¥3,709,563.00
	26	总计				1230	¥9,510,143.00

图 8-22　分类汇总的嵌套操作完成后的效果图

（3）对第 1 大区、第 2 大区、第 3 大区各个商品的销售数量和销售金额进行合并计算。

第 1 步：新建一个工作表，将其命名为"3 个大区各个产品的销售情况"。

第 2 步：选中 A1 单元格，单击"数据"选项卡中的"合并计算"按钮，弹出"合并计算"对话框，如图 8-23 所示。

第 3 步：在"函数"下拉列表中选择"求和"选项。

第 4 步：单击"引用位置"文本框右侧的选择单元格按钮，弹出"合并计算-引用位置"对话框，用鼠标拖动选择工作表"第 1 大区产品销售表"中的 A1:C5 单元格区域作为第一个要合并的源数据区域，如图 8-24 所示，然后单击对话框的返回按钮。

图 8-23　"合并计算"对话框

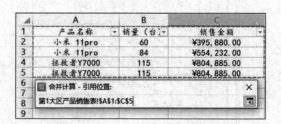

图 8-24　选择要合并的源数据区域

第 5 步：单击"添加"按钮，将该引用位置添加到"所有引用位置"列表中，如图 8-25 所示。

第6步：按第4步和第5步中的操作方法依次添加"第2大区产品销售表"中的A1:C5单元格区域和"第3大区产品销售表"中的A1:C5单元格区域到"所有引用位置"列表中，然后选择"标签位置"下方的"首行"和"最左列"复选框，如图8-26所示。单击"确定"按钮即可完成对3个数据表的数据合并功能。

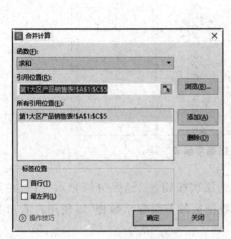

图8-25　添加引用位置

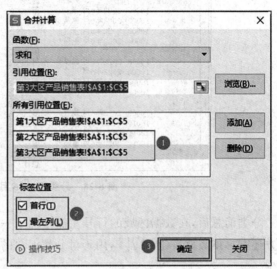

图8-26　添加引用位置

第7步：在A1单元格补写"产品名称"，并设置"销售金额"的数字格式为"货币"，操作结果如图8-27所示。

图8-27　"合并计算"结果

5. 任务总结

该任务通过对某公司产品销售的分类、计算，学习了在WPS表格中进行分类汇总和合并计算。在WPS表格中使用分类汇总和合并计算的重点知识如下。

1）分类汇总

分类汇总是指根据指定的类别将数据以指定的方式进行统计，从而快速地将大型表格中的数据汇总与分析，获得所需的统计结果。

在插入分类汇总之前需要将数据区域按关键字排序，从而使相同关键字的行排列在相邻行中。下面以统计工作表"5月出勤考核表"中各部门人员累计迟到、缺席和早退次数为例，介绍创建分类汇总的操作步骤。

（1）创建分类汇总。

第1步：单击数据区域中"所属部门"列的任意单元格，切换到"数据"选项卡，单击"排序"按钮下侧的箭头按钮，从下拉菜单中选择"升序"命令，对该字段进行排序。

第2步：选中数据区域A2:H14，切换到"数据"选项卡，单击"分类汇总"按钮，打开"分类汇总"对话框。

第3步：在"分类字段"下拉列表中选择"部门"字段，在"汇总方式"下拉列表中选择汇总计算方式"求和"，在"选定汇总项"列表中选中"迟到次数""缺席天数"和"早退次数""请假次数”复选框。

第 4 步：单击“确定”按钮，即可得到分类汇总结果。设置完成后的效果如图 8-28 所示。

	A	B	C	D	E	F	G	H
1	某公司员工出勤情况表							
2	序号	时间	姓名	部门	迟到次数	缺席天数	早退次数	请假次数
3	10001	2022年6月	张三	第一大区	3	0	0	2
4	10002	2022年6月	章紫	第一大区	2	7	3	0
5	10003	2022年6月	玉兰	第一大区	0	0	3	0
6	10004	2022年6月	王丹	第一大区	6	0	1	3
7				**第一大区**	11	7	7	5
8	10005	2022年6月	韩峰	第二大区	4	0	0	0
9	10006	2022年6月	冯立	第二大区	0	0	0	1
10	10007	2022年6月	石丹红	第二大区	0	0	2	1
11	10008	2022年6月	田启尔	第二大区	0	0	0	7
12				**第二大区**	4	0	2	9
13	10009	2022年6月	杨燕	第三大区	1	4	0	4
14	10010	2022年6月	王艳	第三大区	2	2	3	2
15	10011	2022年6月	冯伟	第三大区	0	0	0	1
16	10012	2022年6月	董波	第三大区	1	1	0	3
17				**第三大区**	4	7	3	10
18				**总计**	19	14	12	24

图 8-28 分类汇总“5 月出勤考核表”

分类汇总后，在数据区域的行号左侧出现了一些层次按钮 -，这是分级显示按钮，在其上方还有一排数值按钮 1 2 3，用于对分类汇总的数据区域分级显示数据，以便用户看清其结构。

(2) 嵌套分类汇总。

当需要在一项指标汇总的基础上按另一项指标进行汇总时，使用分类汇总的嵌套功能。

第 1 步：对数据区域中要实施分类汇总的多个字段进行排序。

第 2 步：选中数据区域 A2:H14，切换到“数据”选项卡，然后使用上面介绍的方法，按第一关键字对数据区域进行分类汇总。

第 3 步：选中数据区域 A2:H14，然后单击“分类汇总”按钮，再次打开“分类汇总”对话框，在“分类字段”下拉列表中选择次要关键字，将“汇总方式”和“选中汇总项”保持与第一关键字相同的设置，并取消选中“替换当前分类汇总”复选框。

第 4 步：单击“确定”按钮，完成操作。

(3) 删除分类汇总。

对于已经设置了分类汇总的数据区域，再次打开“分类汇总”对话框，单击“全部删除”按钮，即可删除当前的所有分类汇总。

(4) 复制分类汇总的结果。

在实际工作中，可能需要将分类汇总结果复制到其他表中另行处理。此时，不能使用一般的复制、粘贴操作，否则会将数据与分类汇总结果一起进行复制。仅复制分类汇总结果的操作步骤如下。

第 1 步：通过分级显示按钮仅显示需要复制的结果，按 Alt+；组合键选取当前显示的内容，然后按 Ctrl+C 组合键将其复制到剪贴板中。

第 2 步：在目标单元格区域中按 Ctrl+V 组合键完成粘贴操作。

第 3 步：如有必要，使用“分类汇总”对话框将目标位置的分类汇总全部删除。

2) 合并计算

利用 Excel 2016 的合并计算功能，可以将多个工作表中的数据进行计算汇总，在合并计算过程中,存放计算结果的区域称为目标区域,提供合并数据的区域称为源数据区域,目标区域可与源数据区域在同一个工作表中,也可以在不同的工作表或工作簿内。其次,数据源可以来自单个工作表、多个工作表或多个工作簿中。

合并计算有以下两种形式。

(1)按分类进行合并计算。

通过分类来合并计算数据是指当多个数据源区域包含相似的数据,却依据不同的分类标记排列时进行的数据合并计算方式。例如,某公司有两个分公司,分别销售不同的产品,总公司要获得完整的销售报表,就必须使用"分类"的方式来合并计算数据。

如果数据源区域顶行包含分类标记,则在"合并计算"对话框中选中"首行"复选框;如果数据源区域左列有分类标记,则选中"最左列"复选框。在一次合并计算中,可以同时选中这两个复选框,如图 8-29 所示。

(2)按位置进行合并计算。

通过位置来合并计算数据是指在所有源区域中的数据被相同地排列,即每个源区域中要合并计算的数据必须在被选定源区域的相同的相对位置上。这种方式非常适用于处理相同表格的合并工作。

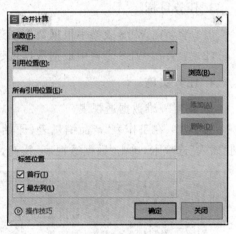

图 8-29 同时选中两个复选框

任务 3 创建数据透视表和透视图

1. 任务情景

由于小李的出色表现,总经理决定让小李继续完成接下来的任务,让他在短时间统计出不同产品按时间、销售区域分类的销售情况,产品销售数据如图 8-30 所示。

	A	B	C	D	E	F	G
1	部门	产品名称	月份	单价(元)	销量(台)	销售金额	
2	第3大区	MateBHook X Pro	3月份	¥6,598.00	86	¥567,428.00	
3	第1大区	小米 11pro	1月份	¥6,598.00	60	¥395,880.00	
4	第1大区	小米 11pro	2月份	¥6,598.00	84	¥554,232.00	
5	第2大区	小米 11pro	3月份	¥6,598.00	97	¥640,006.00	
6	第1大区	拯救者Y7000	1月份	¥6,999.00	115	¥804,885.00	
7	第1大区	拯救者Y7000	3月份	¥6,999.00	115	¥804,885.00	
8	第2大区	拯救者Y7000	1月份	¥6,999.00	130	¥909,870.00	
9	第3大区	拯救者Y7000	3月份	¥6,999.00	130	¥909,870.00	
10	第2大区	MateBHook X Pro	2月份	¥9,499.00	95	¥902,405.00	
11	第2大区	MateBHook X Pro	3月份	¥9,499.00	83	¥788,417.00	
12	第3大区	MateBHook X Pro	1月份	¥9,499.00	130	¥1,234,870.00	
13	第3大区	小米 11pro	2月份	¥9,499.00	105	¥997,395.00	
14							
15							

图 8-30 产品销售数据

2. 任务描述

根据产品的销量表，完成下列操作。

(1) 创建一维数据透视表。
(2) 创建多维数据透视表。
(3) 创建数据透视图。

3. 任务目标

(1) 学会在 WPS 表格中根据数据创建数据透视表。
(2) 学会在 WPS 表格中根据数据创建数据透视图。

4. 任务实施

1) 创建一维数据透视表

第 1 步：在工作表"产品销量表（原始数据）"中单击数据区域的任意单元格，然后切换到"插入"选项卡，单击"数据透视表"按钮，打开"创建数据透视表"对话框，如图 8-31 所示。

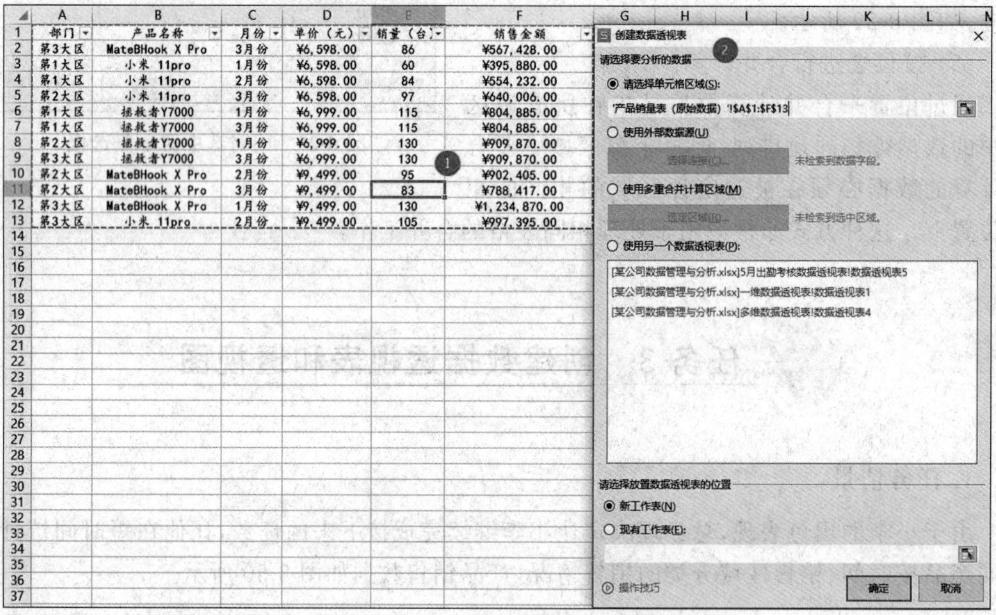

图 8-31 "创建数据透视表"对话框

第 2 步：保持默认选项，单击"确定"按钮，进入一个新的数据透视表设计界面，如图 8-32 所示。

第 3 步：在"数据透视表"任务窗格中，从"字段列表"列表中，将"产品名称"字段拖到"数据透视表区域"中的"行"文本中，将"销量（台）"和"销量金额"字段拖到"值"文本框中，结果如图 8-33 所示。

第 4 步：单击单元格 B3，切换到"分析"选项卡，单击"字段设置"按钮，打开"值字段设置"对话框，选择"值显示方式"选项卡，在"值显示方式"下拉列表框中选择"总计的百分比"选项，如图 8-34 所示，单击"确定"按钮则所需的一维数据透视表创建完成，将工作表命名为

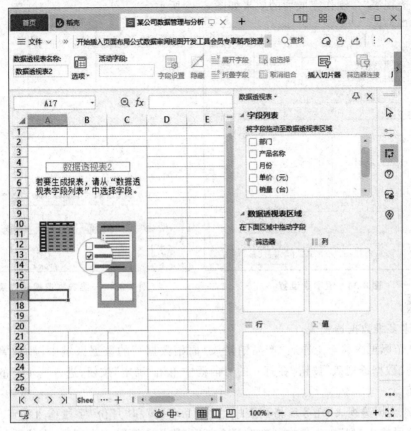

图 8-32　数据透视表设计界面

图 8-33　将数据字段拖入相应区域后的结果

"一维数据透视表"。制作完成后的效果如图 8-35 所示。

图 8-34 值字段设置　　　　图 8-35 一维数据透视表效果

2) 创建多维数据透视表

(1) 将光标再次移至工作表"产品销量表(原始数据)"的数据区域中,然后单击"插入"选项卡中的"数据透视表"按钮,在打开的对话框中单击"确定"按钮,进入一个新的数据透视表设计界面。

(2) 将"数据透视表"任务窗格列表中的"产品名称"和"月份"字段拖入"行"文本框中,将"部门"字段拖入"列"文本框中,将"销售金额"字段拖入"值"文本框中,多维数据透视表初步完成,如图 8-36 所示。

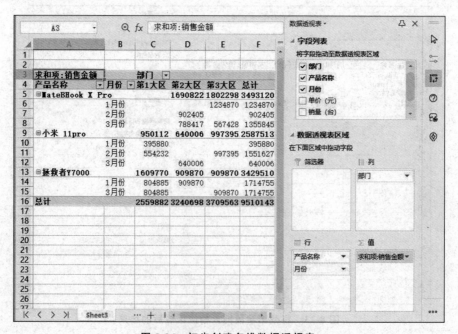

图 8-36 初步创建多维数据透视表

(3)将光标置于数据透视表中,切换到"设计"选项卡,在"预设样式"下拉列表中选择一种样式,对数据透视表进行美化,如图 8-37 所示,将工作表命名为"多维数据透视表"。至此,任务完成。制作完成后的效果如图 8-38 所示。

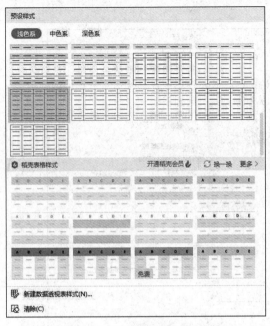

图 8-37 数据透视表样式列表

图 8-38 应用样式后的数据透视表

3)创建数据透视图

(1)根据原始数据创建数据透视图。

第 1 步:将光标再次移至工作表"产品销量表(原始数据)"的数据区域中,然后单击"插入"选项卡中的"数据透视图"按钮,在打开的对话框中单击"确定"按钮,进入一个新的数据透视图设计界面,如图 8-39 所示。

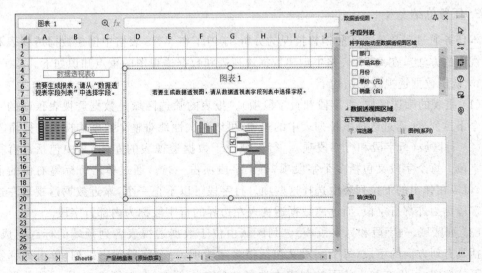

图 8-39 空白的数据透视图界面

第 2 步：在"数据透视图"任务窗格中，将"字段列表"文本框中的"部门"字段拖动至"数据透视图区域"下的"图例（系列）"文本框中，将"产品名称"字段拖动至"轴（类别）"文本框中，将"销量（台）"字段拖动至"值"文本框中，结果如图 8-40 所示，将工作表命名为"每个产品的销售情况数据透视图"。

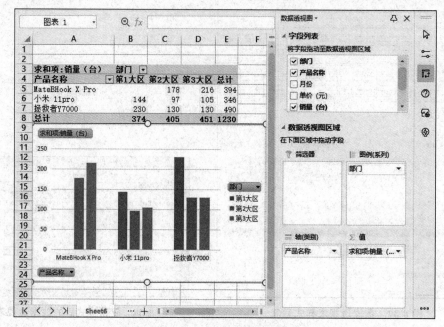

图 8-40　数据透视图效果

（2）利用数据透视表创建数据透视图。

将光标再次移至工作表"一维数据透视表"的数据区域中，然后单击"插入"选项卡中的"数据透视图"按钮，打开"图表"对话框，如图 8-41 所示，选择"饼图"→"三维饼图"命令，双击"三维饼图"图标直接创建一个数据透视图，如图 8-42 所示。

5. 任务总结

本任务通过对某公司产品销售情况的分析，学习了在 WPS 表格中创建数据透视表和数据透视图的方法。在 WPS 表格中创建数据透视表和数据透视图的重点知识如下。

1）认识数据透视表的结构

（1）报表的筛选区域（页字段和页字段项）。报表的筛选区域是数据透视表顶端的一个或多个下拉列表，通过选择下拉列表中的选项，可以一次性地对整个数据透视表进行筛选。

（2）行区域（行字段和行字段项）。行区域位于数据透视表的左侧，其中包括具有行方向的字段。每个字段又包括多个字段项，每个字段项占一行。通过单击行标签右侧的下拉按钮，可以在弹出的下拉列表中选择这些项。行字段可以不止一个，靠近数据透视表左边界的行字段称为外部行字段，而远离数据透视表左边界的行字段称为内部行字段。

（3）列区域（列字段和列字段项）。列区域由位于数据透视表各列顶端的标题组成，其中包括具有列方向的字段，每个字段又包括很多字段项，每个字段项占一列，单击列标签右侧的下拉按钮，可以在弹出的下拉列表中选择这些项。例如，在如图 8-43 所示的数据透视

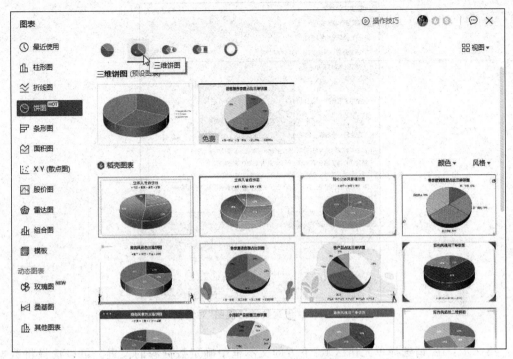

图 8-41　选择"三维饼图"图标

表中,"地区"是列字段,"百色""崇左""桂林"等是列字段项。

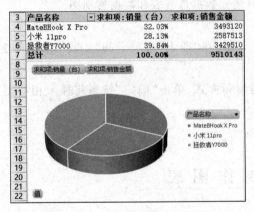

图 8-42　"三维饼图"数据透视图

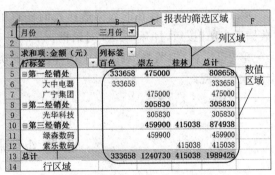

图 8-43　数据透视表的结构示意图

（4）数值区域。在数据透视表中,除去以上 3 大区域外的其他部分即为数值区域。数值区域中的数据是对数据透视表信息进行统计的主要来源,这个区域中的数据是可以运算的,默认情况下,Excel 对数值区域中的数据进行求和运算。

2）创建数据透视图

（1）通过数据源直接创建数据透视图。

第 1 步：打开工作表,单击"插入"选项卡中的"数据透视图"按钮,打开"创建数据透视图"对话框,如图 8-44 所示,在该对话框中可以设置要分析的数据以及放置数据透视表的位置。

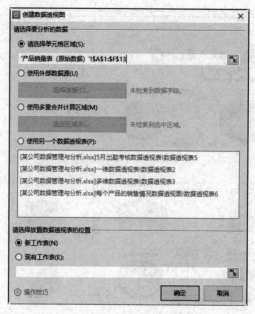

图 8-44 "创建数据透视图"对话框

第 2 步:在"请选择单元格区域"下方的文本框中确定数据源的位置。可以选择将数据透视图建立在新工作表中或建立在现有工作表的某个位置,如要放置在现有工作表中,则具体位置可以在"现有工作表"下方的文本框中确定。

第 3 步:单击"确定"按钮,将在规定位置同时建立数据透视表和数据透视图。

(2) 通过数据透视表创建数据透视图。

第 1 步:单击已存在的数据透视表的任意单元格,在"插入"选项卡的"工具"组中单击"数据透视图"按钮,打开"图表"对话框。

第 2 步:在"插图表"对话框中选择图表的类型和样式,单击"确定"按钮将插入相应类型的数据透视图。

任务 4 制作图表

1. 任务情景

5 月底到了,某公司总经理想了解 5 月公司的考勤状况,让人事部门将各个部门的考勤以图表的方式进行汇总,5 月出勤情况统计如图 8-45 所示。

图 8-45 5 月出勤情况统计

2. 任务描述

根据商品销量表,完成下列操作。

(1) 创建嵌入式柱形图。

(2) 创建折线图。

3. 任务目标

(1) 学会在 WPS 表格中创建嵌入式柱形图。

(2) 学会在 WPS 表格中创建折线图。

(3) 学会在 WPS 表格中设置图表的样式。

(4) 学会在 WPS 表格中打印工作表和图表。

4. 任务实施

1) 创建嵌入式柱形图并设置样式

第1步:打开"3个大区产品销售表"工作表,将光标置于数据区域的任意单元格中,切换到"插入"选项卡,单击"插入柱形图"下拉按钮，在下拉列表中选择"簇状柱形图"命令,完成图表的创建,如图 8-46 所示。

第2步:为了使图表美观,需要对默认创建的图表进行样式设置。单击图表中的文字"图表标题",重新输入标题文本"2022 年 5 月份各部门考勤统计表"。

第3步:将鼠标指针移至图表的边框上,当指针形状变为 时,拖动图表到合适的位置。

第4步:将鼠标指针移至图表边框的控制点上,当指针变为 时,按住鼠标左键拖动调整图表的大小,结果如图 8-47 所示。

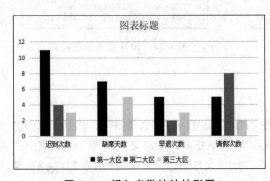

图 8-46 插入考勤统计柱形图

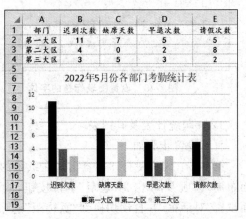

图 8-47 设置样式后的图表

2) 设置图表标题

第1步:在图表标题区域右击,从弹出的右击菜单中选择"字体"命令,打开"字体"对话框。在"中文字体"下拉列表中选择"华文楷体"选项,将字形设置为"加粗",将字号的设置为"14",然后单击"确定"按钮,如图 8-48 所示。

第2步:选中表标题,切换到"图表工具"选项卡,单击"添加元素"下拉按钮,从下拉列表中选择"图表标题"→"更多选项"命令,打开"属性"任务窗格,自动切换到"标题选项"选项卡。在"填充与线条"选项卡中选中"图案填充"单选按钮，然后在下方的列表中选择"10%"选项，如图 8-49 所示。单击"关闭"按钮，图表标题格式设置完毕。

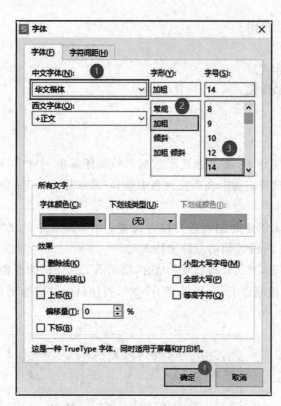

图 8-48　设置图表标题的字体

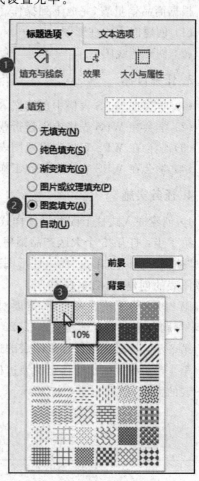

图 8-49　设置图表标题格式

3）打印统计表及其图表

页面设置步骤如下。

第 1 步：为了使打印内容出现在纸张的左右居中位置，先将 A 列删除，然后切换到"页面布局"选项卡，单击"页边距"下拉按钮，从下拉菜单中选择"自定义页边距"命令，打开"页面设置"对话框，并自动切换到"页边距"选项卡，选中"居中方式"栏中的"水平"复选框，使工作表中的内容左右居中显示，如图 8-50 所示，单击"确定"按钮。

第 2 步：切换到"插入"选项卡，单击"页眉页脚"按钮，打开"页面设置"对话框，自动切换到"页眉/页脚"选项卡，单击"自定义页脚"按钮，打开"页脚"对话框，在"左"列表中输入公司名称，在"中"列表中输入"人事"，在"右"列表中输入"制作日期："，然后单击"日期"按钮，结果如图 8-51 所示。最后单击"确定"按钮，返回"页面设置"对话框，再单击"确定"按钮，完成页面设置。

第 3 步：单击快速访问工具栏左侧的"文件"按钮，从下拉菜单中选择"打印"→"打印预览"命令，可以预览打印效果，如图 8-52 所示。

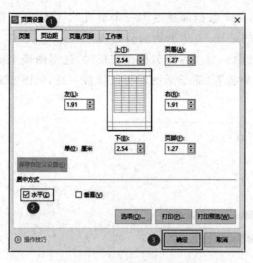
图 8-50 "页面设置"对话框

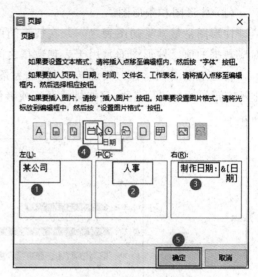
图 8-51 "页脚"对话框

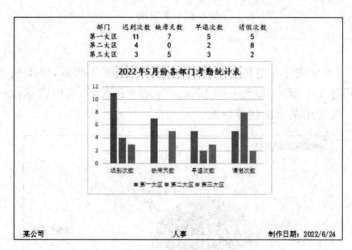
图 8-52 打印预览效果

第 4 步：如果对预览效果满意，然后单击"直接打印"按钮，WPS 将使用默认的打印机将上述表格及图表打印出来。

5. 任务总结

该任务通过对某公司 5 月考勤表的分析，学习了在 WPS 表格中创建图表、工作表和图表的打印设置。在 WPS 表格中图表的创建和打印的重点知识如下。

1）WPS 表格中的图表

图表是 WPS 最常用的对象之一，它是依据选定区域中的数据按照一定的数据系列生成的，是对工作表中数据的图形化表示方法。图表使抽象的数据变得形象化，当数据源发生变化时，图表中对应的数据也会自动更新，使得数据显示更加直观、一目了然。WPS 表格中提供的图表类型有 15 种之多。

(1) 柱形图和条形图。

柱形图是最常见的图表之一。在柱形图中,每个数据都显示为一个垂直的柱体,其高度对应数据的值。柱形图通常用于表现数据之间的差异,表达事物的分布规律。

将柱形图沿顺时针方向旋转 90°就成为条形图。当项目的名称比较长时,柱形图横坐标上没有足够的空间写名称,只能排成两行或者倾斜放置,而条形图却可以排成一行,如图 8-53 所示。

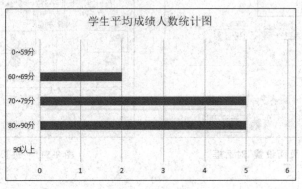

图 8-53 条形图

(2) 饼图。

饼图适合表达各个成分在整体中所占的比例。为了便于阅读,饼图包含的项目不宜太多,原则上不要超过 5 个扇区,如图 8-54 所示。如果项目太多,可以尝试把一些不重要的项目合并成"其他",或者用条形图代替饼图。

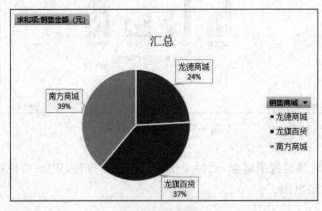

图 8-54 饼图

(3) 折线图。

折线图通常用来表达数值随时间变化的趋势。在这种图表中,横坐标是时间刻度,纵坐标则是数值的大小刻度。

2) 图表的基本操作

可以先将数据以图表的形式展现出来,然后对生成的图表进行各种设置和编辑。

(1) 创建图表。

WPS 中的图表分为嵌入式图表和图表工作表两种。嵌入式图表是置于工作表中的图表对象,图表工作表是指图表与工作表处于平行地位。

创建图表时,首先在工作表中选定要创建图表的数据,然后切换到"插入"选项卡,单击要创建的图表类型按钮,如图 8-55 所示。例如单击"柱形图"下拉按钮,从下拉菜单中选择需要的图表类型,即可在工作表中创建图表。

将创建的图表选定后,功能区中将显示"图表工具"选项卡,通过其中的命令,可以对图表进行编辑处理。

(2) 选定图表项。

在对图表进行修饰之前,应当单击图表项将其选定,有些成组显示的图表项可以细分为单独的元素。例如,为了在数据系列中选定一个单独的数据标记,可以先单击数据系列,再单击其中的数据标记。

另外一种选择图表项的方法为:单击图表的任意位置将其激活,然后切换到"图表工具"选项卡,单击"图表区"下拉列表右侧的箭头按钮,从下拉列表中选择要处理的图表项,如图 8-56 所示。

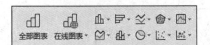

图 8-55　图表类型　　　　　　图 8-56　"图表区"下拉列表

(3) 调整图表的大小和位置。

如果要调整图表的大小,将鼠标移动到图表边框的控制点上,当指针形状变为双向箭头时按住鼠标左键拖动即可。也可以切换到"图表工具"选项卡,单击"设置格式"按钮,打开"属性"任务窗格,自动切换到"图表选项"选项卡,在"大小与属性"选项卡中精确地设置图表的高度和宽度。

移动图表位置分为在当前工作表中移动和在工作表之间移动两种情况。在当前工作表中移动图表时,只要单击图表区并按住鼠标左键不放进行拖动即可。将图表在工作表之间移动,例如将其由 Sheet1 移动到 Sheet2 时,可参考以下操作步骤。

第 1 步:右击工作表中图表的空白处,从弹出的快捷菜单中选择"移动图表"命令,如图 8-57 所示,打开"移动图表"对话框。

第 2 步:选中"对象位于"单选按钮,在右侧的下拉列表中选择 Sheet2 选项,如图 8-58 所示。单击"确定"按钮,即可实现图表的移动操作。

(4) 交换图表的行与列。

创建图表后,如果用户发现其中的图例与分类轴的位置颠倒了,可以很方便地对其进行调整。操作方法为:切换到"图表工具"选项卡下,单击"切换行列"按钮。

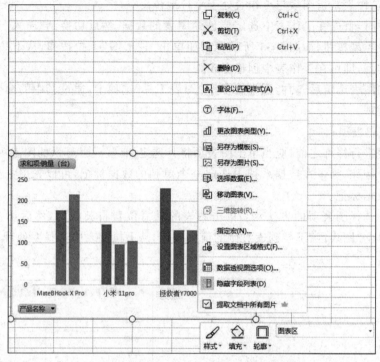

图 8-57　右击图表空白位置弹出的快捷菜单

图 8-58　将图表移动到另外一个工作表

 任务 5　拓展实训：学期成绩整理及展示

任务要求

学期学习任务已完成，辅导员要召开成绩总结班会，对本学期考试成绩进行公布，为更好地展示考试成绩，需要对成绩进行数据整理，成绩部分数据如图 8-59 所示（学生成绩表参见"素材库/项 8/"文件夹）。

数据整理相关要求如下。

（1）筛选出每个科目的前 10 名。

	A	B	C	D	E
1	姓名	班级	普通话	办公软件	省情
2	杜丽娜	1班	39	81	11
3	吴朴婷	2班	14	82	21
4	梁静	3班	10	57	51
5	文海燕	1班	90	0	8
6	李娇娇	2班	35	27	83
7	陈惠	3班	29	82	71
8	龚禹铭	1班	46	76	95
9	尚彩霞	2班	75	8	63
10	龚小宇	3班	85	33	59
11	陈凡	1班	18	37	68
12	冯元菊	2班	51	34	61
13	岑亚丽	3班	45	52	56
14	代露	1班	94	95	11
15	陈雪莲	2班	81	58	26
16	罗宏艳	3班	48	22	81
17	袁敏	1班	30	7	53
18	卢格许	2班	97	26	42
19	郝艳	3班	48	58	74
20	卜灵霞	1班	95	40	96
21	卢微微	2班	6	87	53
22	张曼	3班	39	36	48
23	孙蕾	1班	93	28	12
24	郭婧娴	2班	14	79	80
25	高时子	3班	77	91	21
26	胡瑞	1班	33	58	50
27	郭亭亭	2班	16	96	11
28	祝燕飞	3班	23	38	96
29	卢萍	1班	26	82	16
30	何元娟	2班	86	4	37
31	田瑞芸	3班	96	82	11
32	李娟	1班	5	93	12

图 8-59　成绩部分数据

（2）筛选出所有科目都在 80 分以上的同学。
（3）统计出每个班不同科目的平时成绩和总成绩。
（4）能够制作数据透视表灵活查阅每个班级的相关数据。
（5）通过图表对每个班级的平均分和总分进行对比展示。

项目 9　WPS 演示文稿编辑实训

演示文稿,指的是把静态文件制作成动态文件浏览,把复杂的问题变得通俗易懂,使之更加生动,给人留下更为深刻印象的幻灯片。演示文稿正成为人们工作生活的重要组成部分,在工作汇报、企业宣传、产品推介、婚礼庆典、项目竞标、管理咨询等领域。一套完整的演示文稿文件一般包含:片头动画、PPT 封面、前言、目录、过渡页、图表页、图片页、文字页、封底、片尾动画等。通过案例的讲解和演示,能够展现出演示文稿的特征和使用技巧。

素材资料包

任务 1　制作年终述职报告

1. 任务情景

小李是某公司的财务工作人员,年终需要进行个人述职报告。小李选择用演示文稿来完成年终述职,现在需要制作一个演示文稿。演示文稿部分页如图 9-1～图 9-5 所示。

图 9-1　第 1 张幻灯片

2. 任务描述

根据述职要求,完成下列操作。

(1) 首页。标题为"述职报告",给出报告人的名字,选择合适的幻灯片模板。

(2) 目录页,列目录。内容包括:自我介绍;现职工作自评;主要工作成绩及不足;未来个人职业素质发展;合理化建议。为每行文字建立超链接。

图 9-2　第 2 张幻灯片

图 9-3　第 3 张幻灯片

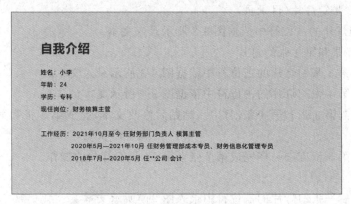

图 9-4　第 4 张幻灯片

(3) 正文页。采用不同的项目符号,添加文本框"返回目录",为该文本框建立超链接。

(4) 结束页。

3. 任务目标

(1) 掌握演示文稿中常用字体设计和搭配。

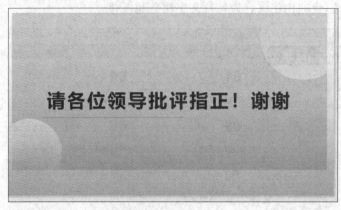

图 9-5　结束页

(2) 掌握演示文稿中段落格式的常规设置。

(3) 掌握幻灯片的基本操作,添加、删除、复制、粘贴和移动等。

4. 任务实施

1) 制作第 1 张幻灯片(首页)

第 1 步:建立空白演示文稿。启动 WPS,单击"新建"→"新建演示"→"新建空白演示"按钮即可新建空白演示文稿——"演示文稿 1.pptx"。

第 2 步:单击"设计"选项卡中的"更多设计"按钮,在弹出的"全文美化"对话框中单击"分类"按钮,选择"总结汇报""免费专区",在筛选出的预览视图中单击第 1 个设计风格即可预览该模板,在"全文美化"对话框右侧的"美化预览"选项卡中选择需要的板式后单击"应用并插入"按钮即可应用该模板,如图 9-6 所示。

第 3 步:在第 1 张幻灯片的占位符中依据图 9-1 所示录入文本。

2) 制作第 2 张幻灯片(目录页)

在第 2 张幻灯片的占位符中依据图 9-2 所示录入文本。

3) 制作第 3 张和第 4 张幻灯片

第 1 步:在第 3 张幻灯片的占位符中依据图 9-3 所示录入文本。

第 2 步:在第 4 张幻灯片的占位符中依据图 9-4 所示录入文本。

第 3 步:复制第 3 张和第 4 张幻灯片,粘贴后修改文本,完成第 5 张和第 6 张幻灯片的操作。

第 4 步:同第 3 步方法一样完成第 7 张至第 12 张幻灯片的操作。

4) 结束页

步骤:在最后一张幻灯片的占位符中录入图 9-5 所示文本。

5) 设置超链接

第 1 步:定位至第 2 张幻灯片中,选中文本"自我介绍",单击"插入"选项卡中的"超链接"下拉按钮,选择"本文档幻灯片页"命令,在弹出的"插入超链接"对话框中选择对应的幻灯片(第 3 张),后单击"确定"按钮即可,如图 9-7 所示。

第 2 步:用同样的方法,将现职工作自评、主要工作业绩及不足、未来职业素质发展、合理化建议文本都插入超链接。

项目9 WPS演示文稿编辑实训

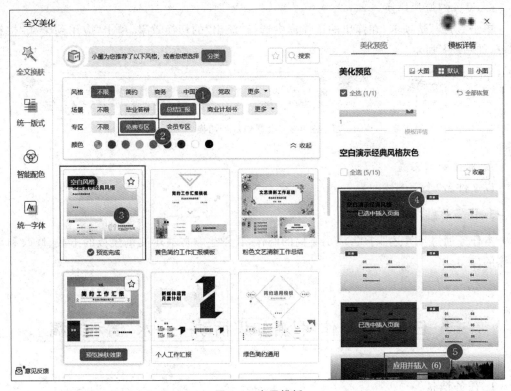

图 9-6 应用模板

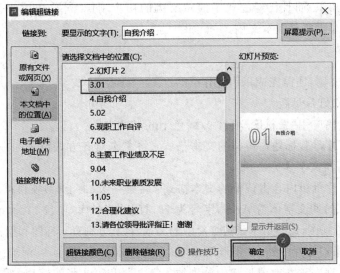

图 9-7 插入超链接

第 3 步：定位至第 4 张幻灯片，在右下角插入自选图形，录入文本"返回目录"。选中自选图形，插入超链接至第 2 张幻灯片。

第 4 步：用同样的方法，可在第 6 张、第 8 张、第 10 张和第 12 张幻灯片上制作超链接，返回目录页。

6) 设置幻灯片切换

单击"切换"选项卡,在弹出的选择框中选择"淡出"的切换效果,单击"应用到全部"按钮即可,如图9-8所示。

图 9-8　设置幻灯片切换

7) 保存演示文稿

以文件名"小李的述职报告.pptx"保存文件。

5. 任务总结

本任务通过年终述职报告演示文稿的制作,让学生掌握演示文稿模板的下载、修改和超链接的应用。

任务2　制作"科普知识活动——水"演示文稿

1. 任务情景

小李同学受邀,需要在某小学的科普活动中给小朋友们普及水的知识。小李准备用演示文稿介绍水的知识,而且已经完成了演示文稿的初步制作"科普知识——水.pptx",现在需要我们帮他一起再完善演示文稿。

2. 任务描述

要完善演示文稿,还需完成以下操作。

(1) 修改该幻灯片母版。

① 为演示文稿应用"素材库/项目9/绿色.thmx"的主题。

② 设置幻灯片母版标题占位符的文本格式:将文本对齐方式设置为左对齐,中文字体设置为方正姚体,西文字体为Arial。

③ 设置幻灯片母版内容占位符的文本格式:将第一级(最上层)项目符号列表的中文字体设置为华文细黑,西文字体为Arial,字号为28,打开"素材库/项目11/水滴.jpg"图片。

(2) 关闭母版视图,调整第1张幻灯片中的文本,将其分别置于标题和副标题占位符中。

(3) 在第2张幻灯片中插入"带形箭头"图形,将"素材库/项目9/河流.jpg"设置为带形箭头形状的背景,在左侧和右侧形状中分别填入第3张和第8张幻灯片中的文字内容,并使用适当的字体颜色。

(4) 将第3张和第8张幻灯片的板式修改为"节标题",并将标题文本的填充颜色修改为绿色。

(5) 将第5张和第10张幻灯片的板式修改为"两栏内容",并分别在右侧栏中插入"素材库/项目9/冰箱中的食品.jpg"和"揉面.jpg"。

(6) 在第 6 张幻灯片中创建一个散点图图表,要求如下。

① 图表数据源为该幻灯片中的表格数据,X 轴数据来自"含水量(%)"列,Y 轴数据来自"水活度"列。

② 设置图表水平轴和垂直轴的刻度单位、刻度线。

③ 设置每个数据点的数据标签。

④ 不显示图表标题和图例,横坐标标题为"含水量(%)",纵坐标标题为"水活度"。

⑤ 为图表添加任意进入动画效果。

(7) 设置所有幻灯片的自动换片时间为 10 秒;除第 1 张幻灯片无切换效果外,其他幻灯片的切换方式均设置为自右侧"新闻快报"效果。

(8) 为演示文稿添加幻灯片编号,要求首页幻灯片不显示编号。

(9) 以文件名"科普知识——水演示效果.pptx"保存文件。

3. 任务目标

(1) 掌握演示文稿中导入模板的操作。
(2) 掌握幻灯片中图形的插入及编辑。
(3) 掌握幻灯片中图表的插入及编辑。
(4) 掌握幻灯片的切换及编号设置。

4. 任务实施

1) 修改幻灯片母版

第 1 步:打开"素材库/实现 9/水.pptx"。

第 2 步:单击"设计"选项卡中的"导入母版"按钮,在弹出的"应用设计模板"对话框中选择"素材库/项目 9/绿色.thmx",单击"打开"按钮。

第 3 步:单击"视图"选项卡中的"幻灯片母版"按钮,切换至幻灯片母版视图。单击最上面的一个幻灯片,选中标题占位符,设置文本对齐方式为左对齐,设置中文字体为方正姚体,西文字体为 Arial。

第 4 步:选中内容占位符中的第一行,设置字体为华文细黑,西文字体为 Arial,字号为 28;右击,选择"项目符号和编号"在弹出的"项目符号与编号"对话框中单击"图片"按钮,如图 9-9 所示。在弹出的"打开文件"对话框中找到"素材库/项目 9/水滴.jpg"图片,单击"打开"按钮即可。

第 5 步:退出幻灯片母版视图,单击"幻灯片母版"选项卡中"关闭"按钮即可。

第 6 步:调整第 1 张幻灯片的标题内容和副标题内容,如图 9-10 所示。

2) 插入"带形箭头"

第 1 步:选中第 2 张幻灯片,单击"插入"选项卡中的"智能图形"按钮,在弹出的"智能图形"对话框中切换至"关系"选项卡,单击"带形箭头"即可,如图 9-11 所示。

第 2 步:选中"带形箭头",单击"格式"选项卡中的"填充"右侧下拉选择按钮,选择"图片或纹理"→"本地图片"命令,如图 9-12 所示,在打开的"选择纹理"对话框中选择"素材库/项目 9/河流.jpg"即可。

第 3 步:将第 3 张幻灯片和第 8 张幻灯片的标题复制到第 2 张幻灯片的"带形箭头"中,加粗字体,最终效果如图 9-13 所示。

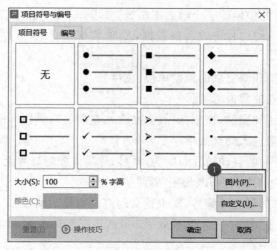

图 9-9　修改项目符号

图 9-10　第 1 张幻灯片标题和副标题效果

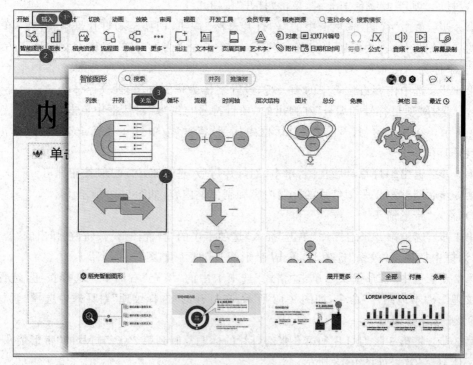

图 9-11　插入"带形箭头"

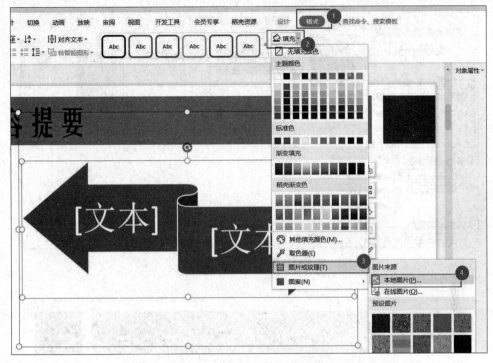

图 9-12　以图片填充"带形箭头"

图 9-13　第 2 张幻灯片效果

3）修改版式

第 1 步：选中第 3 张和第 8 张幻灯片，右击，选择"版式"→"节标题"，如图 9-14 所示。选中第 3 张幻灯片中的字体，设置字体颜色为绿色。同样的操作，设置第 8 张幻灯片字体颜色为绿色。

第 2 步：选中第 5 张和第 10 张幻灯片，右击，选择"版式"→"两栏内容"。单击第 5 张幻灯片中的"插入图片"按钮，如图 9-15 所示。在打开的"插入图片"对话框中，选择"素材库/项目 9/冰箱中的食品.jpg"。以同样的操作，在第 10 张幻灯片中插入图片"揉面.jpg"。

4）插入散点图

第 1 步：定位至第 6 张幻灯片，复制表格的最后两列，删除表格，单击"插入"选项卡中的"图表"按钮，在弹出的"图表"对话框中选择"散点图"，插入散点图。

第 2 步：如图 9-16 所示，单击"图表工具"中"编辑数据"按钮，打开"WPS 演示中的图表.xls"，将复制的数据粘贴至表格中。效果如图 9-17 所示。

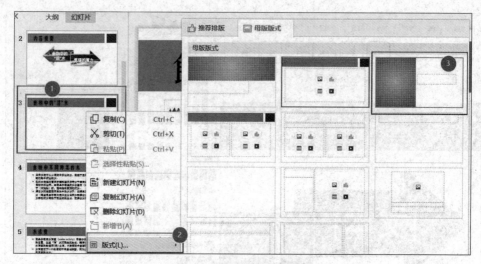

图 9-14 修改版式为"节标题"

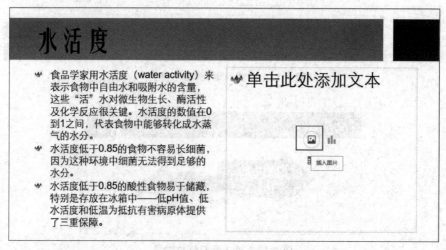

图 9-15 输入图片

图 9-16 插入散点图

第 3 步：关闭"WPS 演示中的图表.xlsx"表格，单击"图表工具"选项卡中的"快速布局"下拉按钮，选择"布局 1"命令，再单击"样式 1"按钮，如图 9-18 所示，删除图表标题，更改图表横轴坐标轴标题为"含水量（%）"，纵轴坐标轴标题为"水活度"。更改图表字号为 20 磅。

第 4 步：选中纵坐标，右击，选择"设置坐标轴格式"，在右侧的"对象属性"对话窗格中，将"边界"选项组中"最大值"设置为"1""最小值"设置为"0"，将"单位"选项组中"主要"设置

项目9 WPS演示文稿编辑实训

图 9-17 粘贴散点图数据

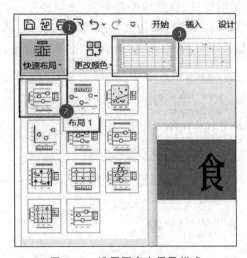

图 9-18 设置图表布局及样式

为"0.2"。

第 5 步:添加数据标签,依次将标签更改为"薯片""意大利面""面粉""面包"和"鲜肉"。最终效果如图 9-19 所示。

第 6 步:选中图表,在"动画"选项卡中单击"出现"按钮。

5)设置幻灯片的切换及编号

第 1 步:在"切换"选项卡中单击"新闻快报"按钮,设置"自动换片"时间为 10 秒,单击"应用到全部"按钮,如图 9-20 所示。

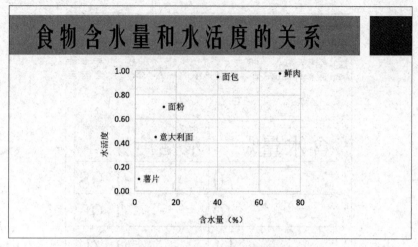

图 9-19　第 6 张幻灯片效果图

图 9-20　设置幻灯片切换

第 2 步：定位至第 1 张幻灯片，设置切换效果为"无切换"。

第 3 步：单击"插入"选项卡中的"页眉和页脚"按钮，弹出"页眉和页脚"对话框，勾选"幻灯片编号"和"标题幻灯片不显示"后单击"全部应用"按钮即可，如图 9-21 所示。

图 9-21　插入幻灯片编号

第 4 步：另存为文件，文件名为"科普知识——水演示效果.pptx"。

5. 任务总结

该任务通过对"科普知识——水.pptx"演示文稿的完善，让学生掌握演示文稿模板的导入、版式的修改、图形插入及编辑、散点图的插入及编辑、幻灯片的切换、编号设置等操作。

任务3 拓展实训：制作"了解病毒知识"演讲PPT

任务要求

小双要在社区使用演示文稿为居民介绍有关病毒的知识。参考文档"样例效果.docx"中的参考图，帮助小双完成演示文稿的制作，具体要求如下。

打开"素材库/项目9/素材文档演示文稿.pptx"。

（1）参照样例效果，设计幻灯片母版。

① 修改名为"自定义版式"的版式名称为"奇数页"。

② 修改名称为"奇数页"和"偶数页"的版式的标题占位符的填充颜色与下方梯形形状边框颜色一致，字体为微软雅黑，加粗并适当调整大小。

③ 修改"奇数页"版式中页码占位符内的页码对齐方式为左对齐。

④ 在"奇数页"和"偶数页"版式的页码占位符上方分别插入"口罩.png"图片。

（2）参照样例效果，设置第1张幻灯片。

① 将图片"封面背景.jpg"作为第1张幻灯片的背景，重设该幻灯片中图片及大小，删除图片背景，并适当调整其位置。

② 将幻灯片上的所有文本字体设置为微软雅黑，"病毒的前生和今世"的文本颜色设置为"水绿色，个性色5，深色25%"，并适当调整字体大小和段落格式。

③ 将文本"了解病毒，珍爱生命！"在文本框中水平和垂直都居中对齐，将文本框置于幻灯片底部，并水平居中对齐。

④ 将第2～第14张幻灯片中的偶数页应用"偶数页"版式，奇数页应用"奇数页"版式。

（3）将第2张幻灯片中的项目符号列表转换为智能图形"梯形列表"，将图形中3个形状的填充颜色设置为与上方标题占位符填充色相同。

（4）在第6张幻灯片中，参照样例效果，适当调整图片和文本的位置，并将项目符号列表修改为编号列表，分为两列，每列7个项目。

（5）将第7张幻灯片中的项目符号列表转换为智能图形"基本流程"，并修改形状间的5个箭头为"燕尾形"箭头。

（6）在第10张幻灯片中，参照样例效果，适当调整文本和图片的位置，将图片替换为"素材库/项目9/被病毒感染的辣椒.png"，并保证图片的样式不变。

（7）在第11张幻灯片中，参照样例效果，适当调整文本和图片的位置，并将图片重新着色为"水绿色，个性色5，深色"。

（8）将第15张幻灯片设置为"空白"版式，并应用与首张幻灯片相同的背景图片，参照样例效果适当设置文本的格式与位置，文本在文本框中水平居中对齐，文本框在页面中水平居中。

（9）为第11张幻灯片中的图片设置动画效果，在单击鼠标时，图片以"浮入"的效果出现，之后自动以"陀螺旋"的强调效果旋转3次。

（10）为演示文稿添加幻灯片编号，标题幻灯片中不显示编号。

项目 10

WPS 文字综合运用实训

WPS 办公软件主要分为 WPS 文字、WPS 表格、WPS 演示文稿 3 个应用软件,在使用过程中它们既独立也可相互影响,在某些特殊的功能中可以实现它们的相互运用,使办公软件发挥其重要功能,能够全面、具体、详细地展现相关内容,实现应用软件之间的交互运用。

素材资料包

任务 1　WPS 文字与 WPS 表格的交叉运用

1. 任务情景

今天辅导员老师找到小华,希望小华能够对计算机 1 班期末考试成绩(参见"素材库/项目 10/计算机 1 班成绩表")进行整理,便于数据的分析和数据的查看。要求小华将 WPS 表格中的表格插入 WPS 文字中,并且将计算机 1 班课程安排表转换成表格,便于文本的使用;将计算机 1 班等级考试成绩转换成表格,便于数据的查看和对比;最后将互联网普及率中表格里面的数据制作成图表,能够对数据进行展示和分析,如图 10-1 所示。

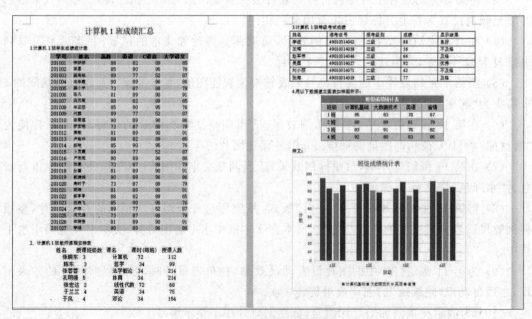

图 10-1　表格整理效果图

2. 任务描述

（1）在"计算机1班成绩汇总"文字文档中，将"计算机1班成绩表"电子表格中的表格以"WPS表格 对象"的形式粘贴至"1.计算机1班学生成绩统计表"下方。

（2）将"2.计算机1班教师课程安排表"下方表格的内容转换为文本。

（3）将"3.计算机1班等级考试成绩"下方内容转换为表格。

（4）使用"4.用以下数据建立图表如样图所示："下方表格内的数据制作图表。

3. 任务目标

（1）学会文档中选择性粘贴命令的使用。

（2）学会在文档中将表格转换成文本。

（3）学会在文档中将文本转换成表格。

（4）学会在文档中制作图表，并对图表进行设置。

4. 任务实施

1）在 WPS 文字中嵌入 WPS 表格中的表格

第1步：在"计算机1班成绩表"电子表格中选中"B2:G29"的单元格区域，右击，在弹出的下拉菜单中选择"复制"命令。

第2步：在"计算机1班成绩汇总"文档中，将鼠标指针移到在"1.计算机1班学生成绩统计表"下方空的位置，单击"开始"选项卡，在"粘贴"下拉菜单中选择"选择性粘贴"命令，如图 10-2 所示。

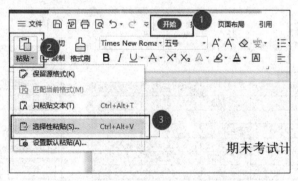

图 10-2　打开"选择性粘贴"对话框

第3步：在"选择性粘贴"对话框中执行"选择性粘贴"命令，如图 10-3 所示。

2）表格转换为文本

第1步：选中"2.计算机1班教师课程安排表"下的表格，单击表格左上角"十字"箭头，全选表格，如图 10-4 所示。

第2步：实现表格转换为文本，在"表格工具"选项卡中单击"转换为文本"按钮。

第3步：在"转换成文本"对话框中设置文字分隔符为"制表符"，单击"确定"按钮，如图 10-5 所示。

3）文本转换为表格

第1步：选中"3.计算机1班等级考试成绩"下的文本，如图 10-6 所示。

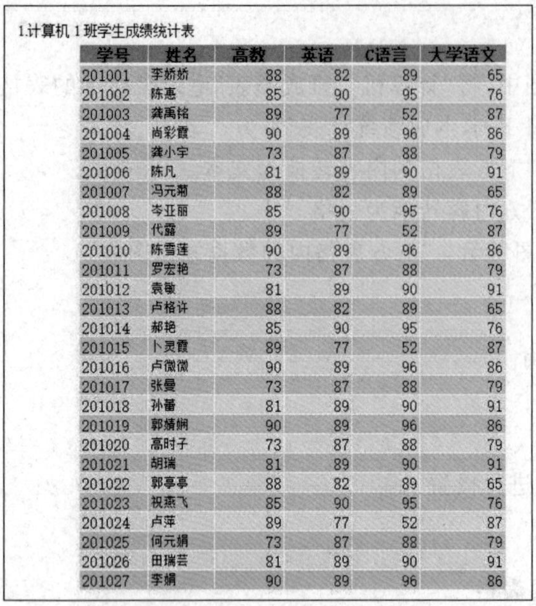

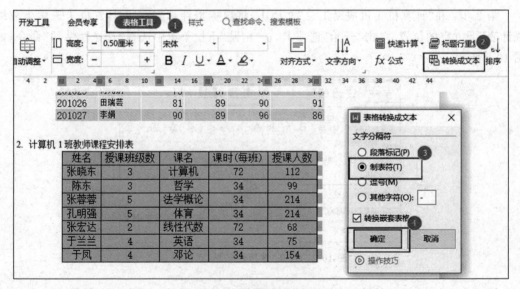

1.计算机1班学生成绩统计表

学号	姓名	高数	英语	C语言	大学语文
201001	李娇娇	88	82	89	65
201002	陈惠	85	90	95	76
201003	龚禹铭	89	77	52	87
201004	尚彩霞	90	89	96	86
201005	龚小宇	73	87	88	79
201006	陈凡	81	89	90	91
201007	冯元菊	88	82	89	65
201008	李亚丽	85	90	95	76
201009	代露	89	77	52	87
201010	陈雪莲	90	89	96	86
201011	罗宏艳	73	87	88	79
201012	袁敏	81	89	90	91
201013	卢格许	88	82	89	65
201014	郝艳	85	90	95	76
201015	卜灵霞	89	77	52	87
201016	卢微微	90	89	96	86
201017	张曼	73	87	88	79
201018	孙蕾	81	89	90	91
201019	郭婧娴	90	89	96	86
201020	高时子	73	87	88	79
201021	胡瑞	81	89	90	91
201022	郭亭亭	88	82	89	65
201023	祝燕飞	85	90	95	76
201024	卢萍	89	77	52	87
201025	何元娟	73	87	88	79
201026	田瑞芸	81	89	90	91
201027	李娟	90	89	96	86

图 10-3 “选择性粘贴”完成的结果

计算机1班教师课程安排表

姓名	授课班级数	课名	课时(每班)	授课人数
张晓东	3	计算机	72	112
陈东	3	哲学	34	99
张蓉蓉	5	法学概论	34	214
孔明强	5	体育	34	214
张宏达	2	线性代数	72	68
于兰兰	4	英语	34	75
于凤	4	邓论	34	154

图 10-4 全选表格

201026	田瑞芸	81	89	90	91
201027	李娟	90	89	96	86

2. 计算机1班教师课程安排表

姓名	授课班级数	课名	课时(每班)	授课人数
张晓东	3	计算机	72	112
陈东	3	哲学	34	99
张蓉蓉	5	法学概论	34	214
孔明强	5	体育	34	214
张宏达	2	线性代数	72	68
于兰兰	4	英语	34	75
于凤	4	邓论	34	154

图 10-5 表格转换为文本

3.计算机1班等级考试成绩

姓名	准考证号	报考级别	成绩	显示结果
李波	49010314002	二级	88	良好
王辉	49010314038	三级	56	不及格
赵军伟	49010314046	三级	66	及格
吴圆	49010314027	一级	92	优秀
刘小丽	49010314071	二级	42	不及格
张海	49010314019	二级	77	及格

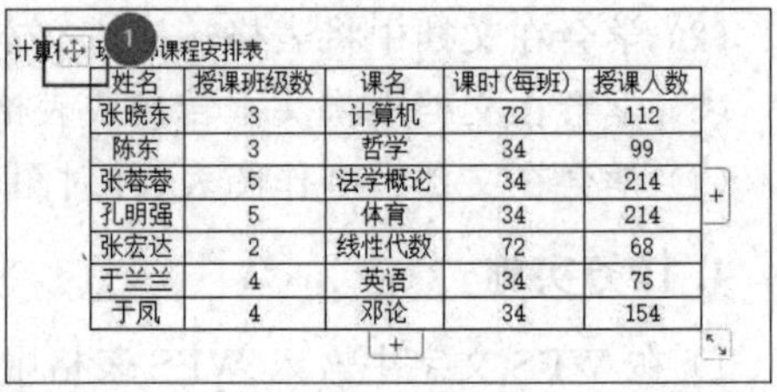

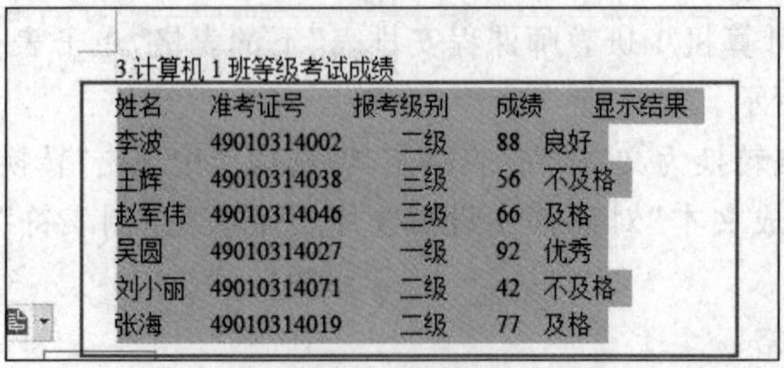

图 10-6 选中文本

第 2 步：文本转换成表格。在"插入"选项卡中单击"表格"下拉列表，选择"文本转换成表格"命令，如图 10-7 所示。

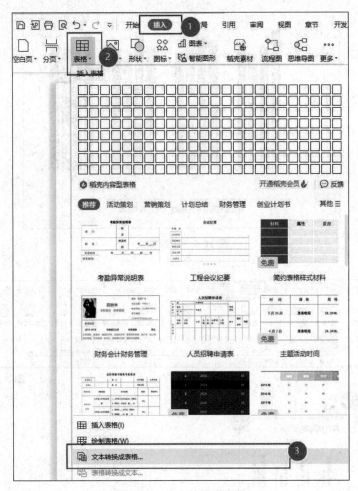

图 10-7　文本转换成表格

第 3 步：在"文本转换成表格"对话框中，设置表格尺寸为"5 列 7 行"，文字分隔位置为"制表符"，单击"确定"按钮，如图 10-8 所示。

4）在 WPS 文档中制作图表

使用"4.用以下数据建立图表如样图所示："下方表格内的数据制作图表，结果如图 10-9 所示。

第 1 步：插入图表，单击"插入"选项卡下"图表"按钮，在"图表"对话框中单击"簇状柱形图"按钮，如图 10-10 所示。

第 2 步：选中图表，右击，在弹出的快捷菜单中选择"编辑数据"命令，启动"WPS 文字中的图表"电子表格，如图 10-11 所示。

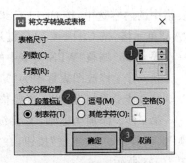

图 10-8　"将文字转换成表格"对话框

第 3 步：将"4.用以下数据建立图表如样图所示："下

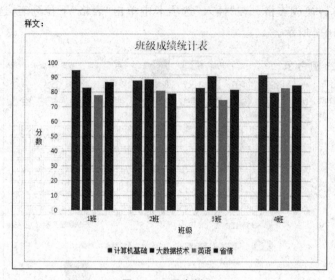

图 10-9　图表样文

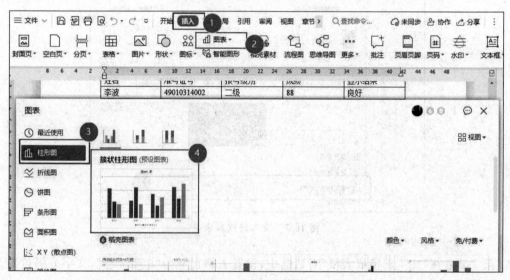

图 10-10　插入图表

表格中的内容选中,按 Ctrl+C 组合键进行复制,在"WPS 文字中的图表"电子表格中定位到"A1"单元格,按 Ctrl+V 组合键进行粘贴,如图 10-12 所示。

第 4 步:调整"WPS 文字中的图表"电子表格中数据显示区。

第 5 步:修改图表标题为"班级成绩统计表"。

第 6 步:添加坐标轴,主要横轴坐标轴为"班级"。

第 7 步:添加坐标轴,主要纵轴坐标轴为"分数",在"属性"任务窗格中,单击"文本选项"选项卡中的"文本框"按钮,在"文字方向"下拉列表中选择"垂直方向从右到左"命令,如图 10-13 所示。

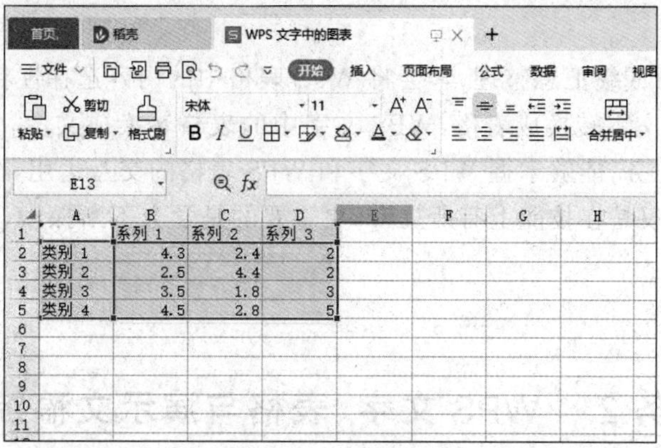

项目10　WPS文字综合运用实训

图 10-11　插入图表

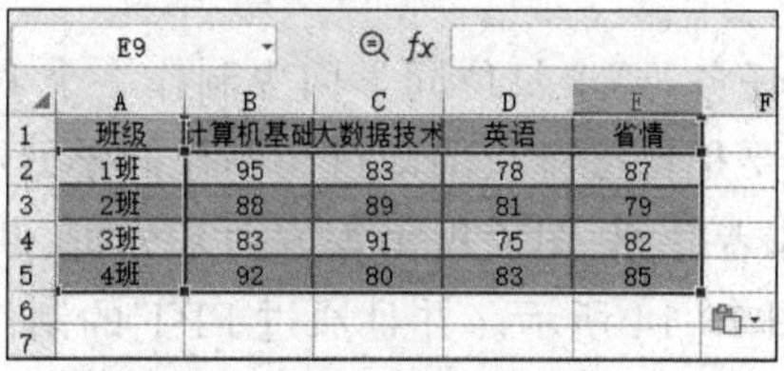

图 10-12　调整数据显示区

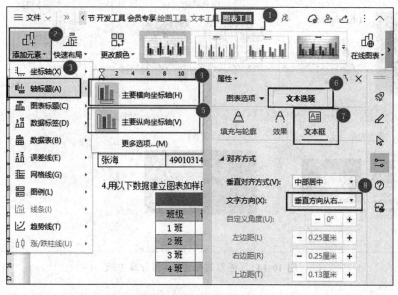

图 10-13　添加坐标轴

5）保存"计算机 1 班成绩汇总"文字文档

单击"文件"菜单，选择"保存"按钮，即可保存毕业论文"期末考试计算机 1 班成绩汇总"文字文档。

5. 任务总结

本任务通过学习成绩汇总整理，学会将 WPS 表格中的内容选择性粘贴至 WPS 文字，学会将 WPS 文字中的文本转换成表格，WPS 文字中的表格转换成文本，学会在 WPS 文字中制作图表。通过此任务，能够掌握 WPS 文字和 WPS 表格的交互运用，在办公软件的灵活使用上得到进步，不仅仅是在技能上有所提升，更重要的是学会不断探索，懂得举一反三，增加实践动手能力。

任务 2　WPS 文字、表格与演示文稿综合运用

1. 任务情景

今天黄老师安排了一个任务，要求每位同学回去制作一个 PPT，用于分享自己喜欢的一本书，书的内容不做要求，只要是自己喜欢的即可。一位同学开心选择了《色彩与形象》这本书和大家进行分享，他将从作者介绍、图表展示等方面来分析、共享这本书的相关内容，让大家能够走进色彩的世界，如图 10-14 所示。并且通过 PPT 的制作，将 WPS 文字、WPS 表格、WPS 演示等不同的应用程序进行交叉引用，让其他同学感受到办公软件的魅力。

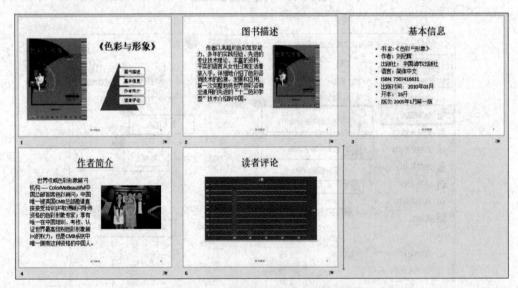

图 10-14　《色彩与形象》书籍分享 PPT

2. 任务描述

（1）将第 1 张幻灯片图片右边的文字转换为"棱锥型列表"的智能图形。

（2）为第 4 张幻灯片中的文字"作者简介"添加超链接，链接到"素材库/项目 10/作者简介"。

（3）为所有幻灯片插入编号和页脚，页脚内容为"好书推荐"。

（4）为最后一张幻灯片（标题为：读者评价）插入图表，图表类型为"簇状柱形图"，评价数据如表 10-1 所示。

表 10-1　读者评价数据

星　　级	人数（参评人数 1000）
5星	816
4星	116
3星	68
2星	0
1星	0

说明：表中数据可在"素材库/项目10/图表数据.docx"中复制。

（5）将所有幻灯片的切换效果设计为"推出"。

3. 任务目标

（1）学会在 WPS 演示将文字转换为智能图形。
（2）学会在 WPS 演示插入超链接。
（3）学会在 WPS 演示插入页脚和编号。
（4）学会在 WPS 演示中插入图表。
（5）学会在 WPS 演示中设置幻灯片切换效果。

4. 任务实施

1）文字转换为智能图形

第1步：选中第1张幻灯片图片右边的文字。

第2步：在"开始"选项卡中单击"转智能图形"下拉面板中的"棱锥型列表"按钮，如图 10-15 所示。

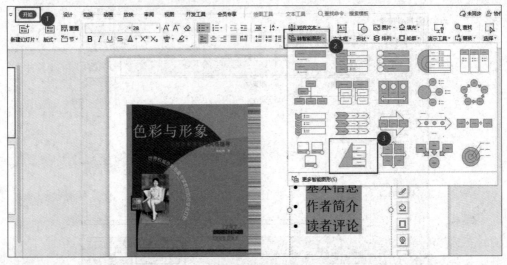

图 10-15　转智能图形

2）添加超链接

第 1 步：选中第 4 张幻灯片中的文本"作者简介"。

第 2 步：在"插入"选项卡中单击"超链接"按钮，在弹出的下拉菜单中选择"文件或网页"命令，如图 10-16 所示。

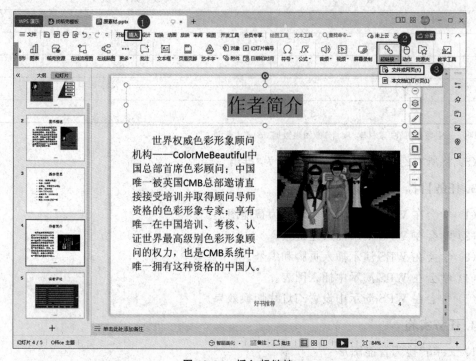

图 10-16　插入超链接

第 3 步：在"插入超链接"对话框中将路径选到"任务 2"，选中下方"作者简介"文字文档，单击"确定"按钮，如图 10-17 所示。

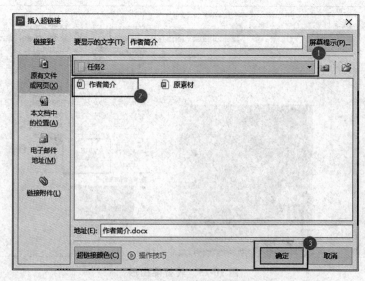

图 10-17　插入超链接设置

3）插入编号和页脚

第1步：将光标放置在演示文稿中任意位置。

第2步：在"插入"选项卡中单击"幻灯片编号"按钮。

第3步：在"页眉和页脚"对话框中的"幻灯片"选项卡下，勾选"幻灯片编号"和"页脚"复选框，并输入内容"好书推荐"，单击"全部应用"按钮，如图10-18所示。

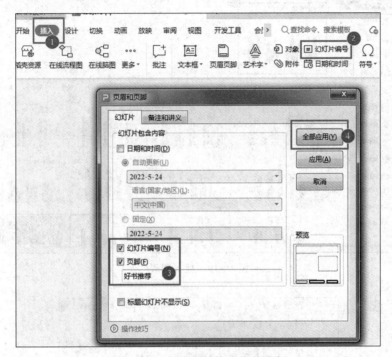

图10-18　插入幻灯片编号和页脚

4）制作图表

第1步：将光标定位到第5张幻灯片"读者评论"。

第2步：在"插入"选项卡中单击"图表"按钮。

第3步：在"图表"对话框中单击"柱形图"中的"簇状柱形图"按钮，如图10-19所示。

第4步：选中图表，右击，在弹出的快捷菜单中选择"编辑数据"命令。

第5步：将"图表数据"文字文档中表格内的数据复制到"WPS演示中的图表"电子表格中数据显示区位置，并调整数据显示区位置，结果如图10-20所示。

第6步：选中图表，将图表大小进行适当调整。

第7步：在"绘图工具"选项卡中单击"样式"下拉按钮，选择"浅色1轮廓，彩色填充-培安紫，强调颜色4"命令，如图10-21所示。

第8步：选中图例"人数"，在"对象属性"窗格中选择"图例选项"选项卡，单击"图例"按钮，选择图例位置"靠右"按钮，如图10-22所示。

5）设置幻灯片切换效果

第1步：单击左侧幻灯片，全选幻灯片，可使用Ctrl+A组合键。

第2步：在"切换"选项卡中单击"幻灯片切换效果"下拉扩展按钮，选择"推出"命令，如图10-23所示。

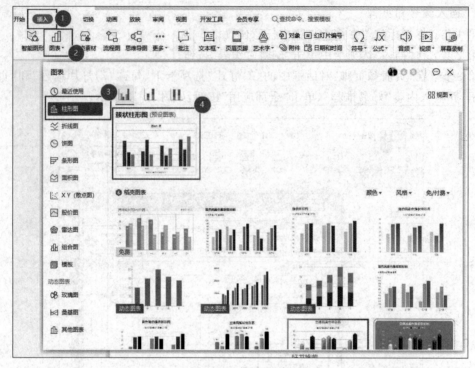

图 10-19　插入图表

图 10-20　复制粘贴数据

5. 任务总结

本任务通过制作一个图书分享演示文稿,将 WPS 文字、WPS 表格、WPS 演示结合起来,在我们进行实操的过程中,某些情况下,单靠某一个应用程序是无法完整地表达思绪和成果的,此时就可以通过综合运用,发挥办公软件的最大价值。在 WPS 演示文稿中,可以通过将文字文档、电子表格作为一种操作对象帮助我们丰富演示文稿文件。学习不是一蹴而就的,需要我们将技能、思想、知识进行结合,学会举一反三,能够在实践中发现新知识,达到自己想要的最终成果。

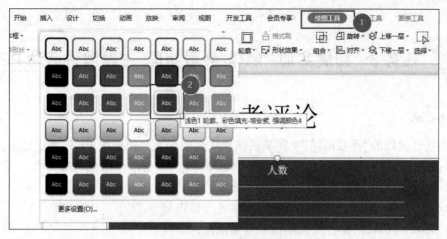

图 10-21 图表样式调整

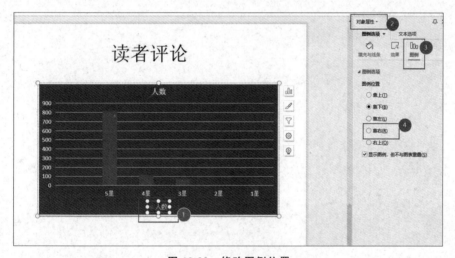

图 10-22 修改图例位置

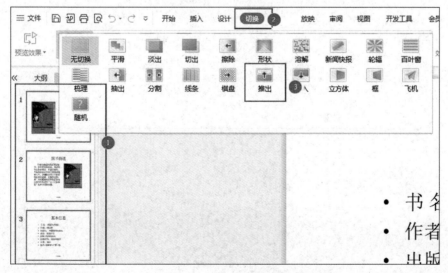

图 10-23 幻灯片切换效果设置

任务3　拓展实训：制作"我爱祖国"主题演讲活动PPT

任务要求

制作学校组织的"我爱祖国"主题演讲活动决赛现场需要使用的PPT，要求如下。
(1) 要用到超链接，链接到文档或者网页或者PPT中某个详细介绍的页面。
(2) 要用到图表，通过数据展现发展变化。
(3) 使用到智能图形，能够清晰明了地体现发展进程。
(4) 添加一段演讲视频，使视频能够自动播放。
(5) 你认为需要展现的其他内容。

项目 11

WPS的扩展运用实训

WPS的扩展运用是讲解WPS中的一些特殊功能,包括流程图、思维导图、表单的运用。流程图(Flowchart)是指使用图形表示算法的思路是一种极好的方法,因为千言万语不如一张图。思维导图又称脑图、心智地图、脑力激荡图、灵感触发图、概念地图、树状图、树枝图或思维地图,是一种图像式思维的工具以及一种利用图像式思考辅助工具。表单主要实现数据采集,完成信息收集。

素材资料包

 任务1 通过WPS文字制作某高校新生报到流程图

1. 任务情景

新学期即将开始,校学生会接到学生科老师布置的一项任务,请大家结合新生报到需求,制作新生报到流程图,如图11-1所示。要求该流程图中包括报到的相关细节,让每一位同学能够清晰下一步的入学流程。

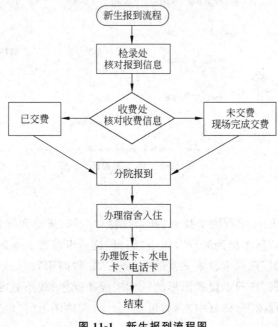

图11-1 新生报到流程图

2. 任务描述

（1）在"制作新生报到流程图"WPS 文字文档中制作如 11-1 所示流程图。
（2）通过相关设置，调整流程图中的文字、图形、线条等内容。
（3）将设计好的流程图插入对应的 WPS 文字文档中。

3. 任务目标

（1）学会插入流程图。
（2）学会对流程图各部件进行调整。
（3）学会将流程图以图片形式添加至文档中。

4. 任务实施

1）新建流程图

第 1 步：新建 WPS 文字文档"制作新生报到流程图"。
第 2 步：在"制作新生报到流程图"文字文档中，单击"新建"→"流程图"按钮。
第 3 步：单击"新建空白流程图"按钮，如图 11-2 所示。

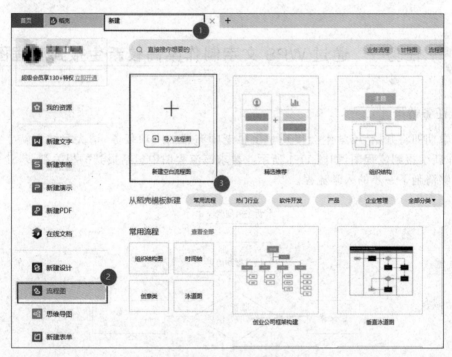

图 11-2　插入流程图

2）制作流程图

第 1 步：在 Flowchart 流程图中找到"开始/结束"按钮，拖动到屏幕编辑区。
第 2 步：输入文本"新生报到流程"，单击"编辑"选项卡设置文本的"字体、字号、字形"。
第 3 步：单击"编辑"选项卡设置文本的"对齐方式、段间距"。
第 4 步：单击"编辑"选项卡设置图形的"底纹、线条颜色、线条宽度、线条样式"等。
第 5 步：选择"流程图"对话框中右侧"度量"命令，调整图形的"位置、高度、宽度"。

第6步：根据需求，依次完成流程图中各图形的添加。

第7步：单击"插入"按钮，即可保存编辑好的流程图，如图11-3所示。

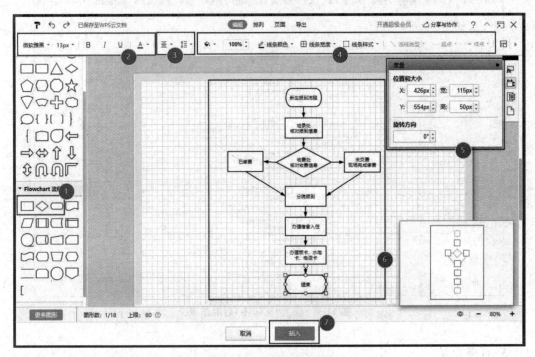

图 11-3　编辑流程图

3）在文字文档中添加流程图

第1步：单击"插入"选项卡中的"流程图"按钮。

第2步：在"流程图"对话框中的"我的文件"选项卡下选中需插入的流程图，单击"插入"按钮，如图11-4所示。

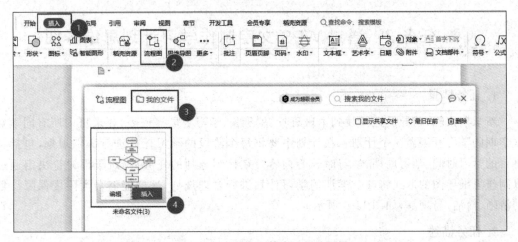

图 11-4　在文字文档中添加流程图

第3步：结果如图11-5所示。

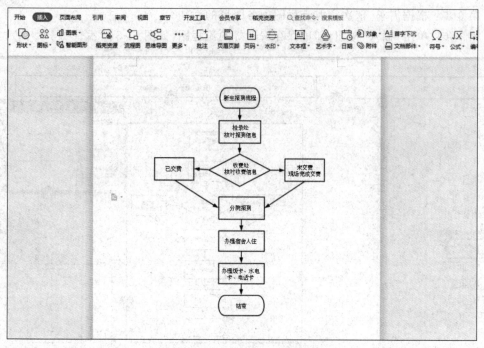

图 11-5 插入"流程图"后的结果

5. 任务总结

本任务通过学习制作流程图掌握流程图应该具备哪些基本元素,能够在文档文件中完成流程图的插入、编辑和添加。通过制作一个简单的新生报到流程图,不仅仅是学会流程图的制作,更重要的是学会条理清晰地对事情进行分解和解读,具有不断探索和学习的精神,学会举一反三,将知识和精神灵活运用到其他所需要的地方。

任务 2　通过 WPS 文字制作学习计划思维导图

1. 任务情景

新学期来临,辅导员老师找到本班班长、副班长、学习委员等班委,要求班内所有同学对本学期的学习开展做一个计划。在计划中要将每个阶段的学习任务进行详细规划,包括各科目的学习时间、学习周期、学习时长等内容。在接到老师的任务后,班干部讨论决定通过以制作思维导图的形式将整个学期的学习计划进行合理规划,这样能够最大限度保障计划的清晰、简洁、易理解,如图 11-6 所示。

2. 任务描述

(1) 在"制作学习计划思维导图"WPS 文字文档中制作思维导图。
(2) 通过相关设置,调整思维导图中的文字、图形、线条等内容。
(3) 将制作好的思维导图插入对应的 WPS 文字文档中。

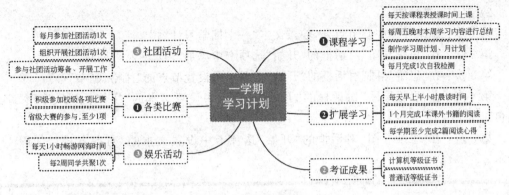

图 11-6　学习计划思维导图

3. 任务目标

（1）学会插入思维导图。
（2）学会对思维导图各部件进行调整。
（3）学会将思维导图以图片形式添加至文档中。

4. 任务实施

1）新建思维导图

第 1 步：新建"制作学习计划思维导图"WPS 文字文档。

第 2 步：在"制作学习计划思维导图"文字文档中，单击"新建"→"思维导图"按钮。

第 3 步：单击"新建空白思维导图"按钮，如图 11-7 所示。

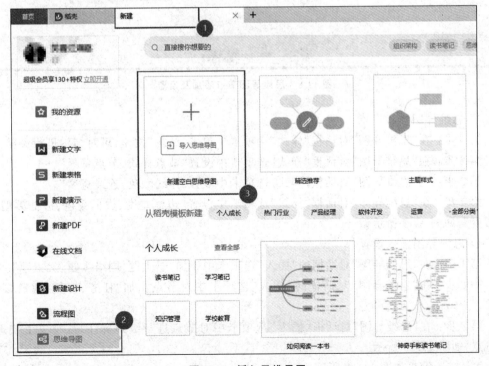

图 11-7　插入思维导图

2）制作思维导图

第 1 步：思维导图中心节点处，输入文本"一学期学习计划"。

第 2 步：在"思维导图"对话框的"开始"选项卡中添加节点。

第 3 步：在"思维导图"对话框的"开始"选项卡中设置节点的"风格、画布"等。

第 4 步：在"思维导图"对话框的"开始"选项卡中设置文本的"字体、字号、字形、字体颜色"。

第 5 步：在"思维导图"对话框的"开始"选项卡中设置文本的"对齐方式"，如图 11-8 所示。

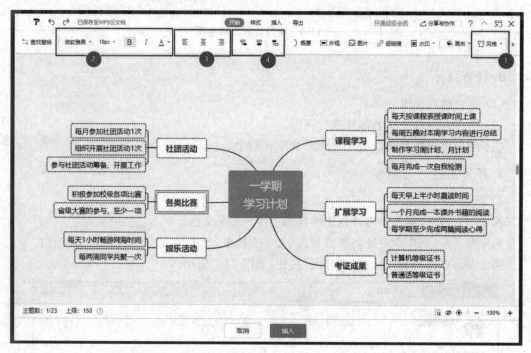

图 11-8　思维导图节点添加及设置

3）思维导图样式设置

第 1 步：在"思维导图"对话框"样式"选项卡中单击"结构"按钮，可对结构进行调整。

第 2 步：在"思维导图"对话框"样式"选项卡中设置"节点样式、节点背景"。

第 3 步：在"思维导图"对话框"样式"选项卡中设置"连线颜色、连线宽度"。

第 4 步：在"思维导图"对话框"样式"选项卡中设置"边框宽度、边框颜色、边框类型、边框弧度"，如图 11-9 所示。

4）思维导图插入设置

第 1 步：在"思维导图"对话框的"插入"选项卡中添加"子主题、同级主题、父主题"。

第 2 步：在"思维导图"对话框的"插入"选项卡中对节点添加"任务、标签、超链接"等对象。

第 3 步：在"思维导图"对话框"插入"选项卡中对节点进行级别标注，从视觉上快速找到重点，如图 11-10 所示。

第 4 步：结果如图 11-11 所示。

项目11 WPS的扩展运用实训 137

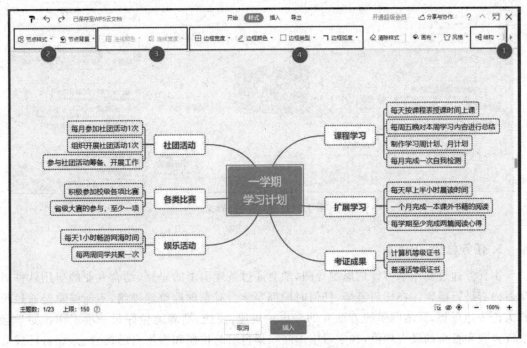

图11-9 在文字文档中添加流程图

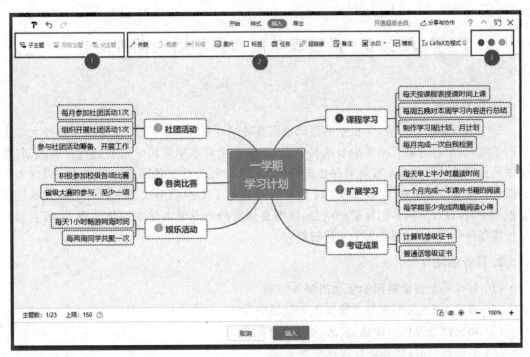

图11-10 思维导图"插入"设置

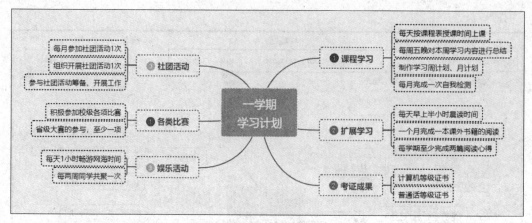

图 11-11　思维导图样文

5. 任务总结

本任务通过制作学习计划思维导图，学会通过条理清晰的思路，结合专业的应用软件对学习内容进行整理。在任何事情、任何时段都要学会有条理地整理思绪，不能够总是通过长篇大论表达思想，简洁明了的方法有助于更加快速、便捷、准确地做好每一项工作。要学会发挥自我和社会的最大价值，在学习中不断积累自己的技能和磨炼自己的意志，让自己成为一个有思想、有技能、有知识的高素质人才。

 任务 3　通过表单制作团学活动调查问卷

1. 任务情景

新学期开学已有一周，学校里的活动也需要陆续开展起来，为更好地让学生享受大学生活的乐趣，学生科老师召集学生会成员开会，要求大家对本学期团学活动进行合理规划，可通过调查问卷的形式向全校所有学生进行信息收集。经过师生共同讨论，将使用 WPS 表单功能进行调查问卷的制作，如图 11-12 所示。通过电子文档的形式下发到每个班级每位同学的手中，通过收集同学们反馈的信息，能够更加准确地开展本学期团学活动，让所有同学尽可能参与到活动中，感受大学生活的魅力。

2. 任务描述

（1）制作一个新学期团学活动的调查问卷。
（2）通过 WPS 文字表单功能实现各问题的设计。
（3）调查问卷应包括单选、多选、填空等多种题型。
（4）数据回收后，能够进行快速整理。

3. 任务目标

（1）学会表单制作。

项目11 WPS的扩展运用实训

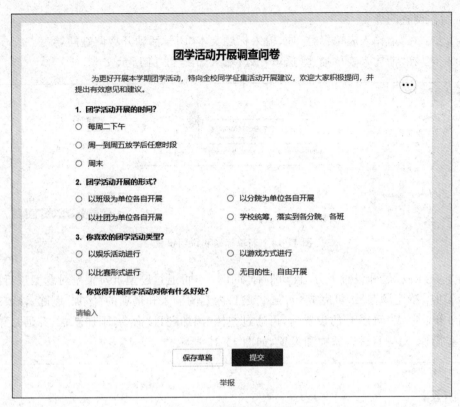

图 11-12 团学活动开展调查问卷

(2) 学会题目的添加、修改、保存、删除。

(3) 学会表单问卷的下发和收集。

4. 任务实施

1) 新建表单

第1步：单击"新建"→"新建表单"按钮。

第2步：单击"新建表单"按钮，如图 11-13 所示。

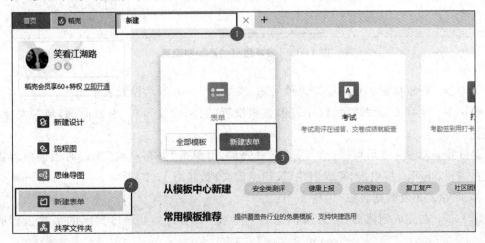

图 11-13 新建表单

2）制作调查问卷

第 1 步：在"请输入表单标题"处，输入标题文本"团学活动开展调查问卷"。

第 2 步：在"请输入表单描述（选填）"处，输入如图 11-14 所示文本。

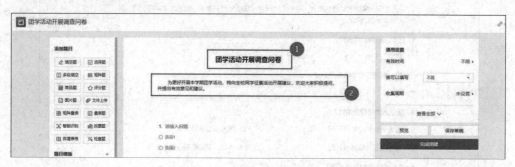

图 11-14　表单标题和说明设置

第 3 步：在标题和设置下方，自动带有"问题 1"，可通过题型下拉菜单对题型进行修改。

第 4 步：确定题型后，可完成"问题 1"题目内容的输入和选项的"添加、删除、修改"。

第 5 步：完成"问题 1"的设置后，可通过左侧"添加题目"命令，添加新题，并通过第 3 步和第 4 步操作，对题目进行添加和设置，如图 11-15 所示。

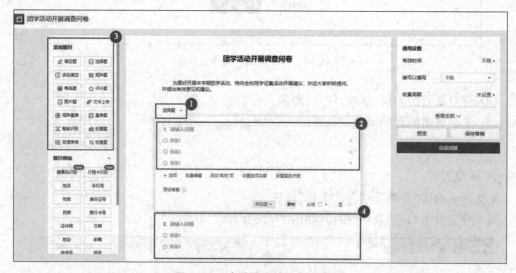

图 11-15　表单题目的添加和设置

第 6 步：可根据需求自由设置表单问题，或如图 11-16 所示设置表单问题。

第 7 步：题目添加完成后，可在表单右侧设置"通用设置"，对"有效时间、填写对象"进行设置。

第 8 步：设置完成后可进行"预览"查看效果，可单击"保存草稿"按钮对当前内容进行保存再编辑，也可直接单击"完成创建"按钮生成文档，如图 11-16 所示。

3）问卷发布及数据收集

第 1 步：在完成创建后，会对制作的表单生成"二维码"，可通过扫码的形式进行问卷答题。

项目11 WPS的扩展运用实训　141

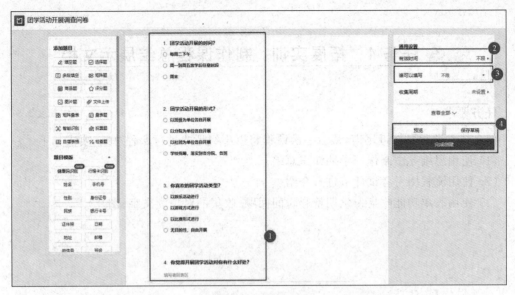

图 11-16　表单设置

第 2 步：也可通过"生成海报""复制链接""分享到微信和 QQ"的形式开展问卷调查。

第 3 步：通过结果分享，能够和他人分享此表单的数据。

第 4 步：完成问卷调查后，可通过"查看数据汇总表"查看每个题目的调查详细信息，通过对数据的整理、分析，得到所需结果，如图 11-17 所示。

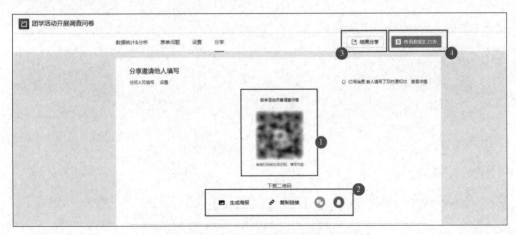

图 11-17　问卷发布及数据查看

5. 任务总结

本任务通过制作学习表单制作，能够快速掌握问卷调查的诀窍。以前想要制作一个调查问卷，需要通过"问卷星"等第三方应用软件，而现在可通过 WPS 表单命令快速完成调查问卷的制作。并且表单命令，能够和 WPS 表格结合起来将数据进行快速地收集和整理。通过学习使学生不仅仅能够掌握知识，更能够让学生学会探索，懂得实践，通过不断实践，发现自己的优缺点，为步入社会做贡献。

任务4 拓展实训：制作课程总结展示文档

任务要求

信息技术课程已接近尾声，最后一次课程将以小组形式进行课程总结，要求如下。
(1) 使用思维导图制作一学期知识总结。
(2) 使用流程图对考试环节进行介绍。
(3) 使用表单功能收集一学期精彩瞬间回顾(收集的对象为文字、图片)。